8

Algorithm and Statistics

알고리즘 통계

핵심 정보통신기술 총서

삼성SDS 기술사회 지음

전면 3 개정판

한울
아카데미

이 도서의 국립중앙도서관 출판예정도서목록(CIP)은 서지정보유통지원시스템 홈페이지(http://seoji.nl.go.kr)
와 국가자료공동목록시스템(http://www.nl.go.kr/kolisnet)에서 이용하실 수 있습니다.
(CIP제어번호: CIP2019010212)

전면3개정판을 내며

1999년 처음 출간한 이래 '핵심 정보통신기술 총서'는 이론과 실무를 겸비한 전문 서적으로, 기술사가 되고자 하는 수험생은 물론이고 정보기술에 대한 이해를 높이려는 일반인들에게 폭넓은 사랑을 받아왔습니다. 이처럼 '핵심 정보통신기술 총서'가 기술 전문 서적으로는 보기 드물게 장수할 수 있었던 것은 국내 최고의 기술력을 보유한 삼성SDS 기술사회 회원 150여 명의 열정과 정성이 독자들의 마음을 움직였기 때문이라 생각합니다. 즉, 단순히 이론을 나열하는 데 그치지 않고, 살아 있는 현장의 경험을 담으면서도 급변하는 정보기술과 주변 환경에 맞추어 늘 새로움을 추구한 노력의 결과라 할 수 있습니다.

이번 개정판에서는 이전 판의 7권 구성에, 4차 산업혁명을 선도하는 지능화 기술의 기본 개념인 '알고리즘과 통계'(제8권)를 추가했습니다. 또한 분야별로 다루는 내용을 재구성했습니다. 컴퓨터 구조 분야는 컴퓨터의 구조와 사용자를 위한 운영체제 위주로 재정비했으며, 컴퓨터 구조를 다루는 데 기본인 디지털 논리회로 부분을 추가하여 컴퓨터 구조에 대한 이해를 높이고자 했습니다. 정보통신 분야는 인터넷통신, 유선통신, 무선통신, 멀티미디어통신, 통신 응용 서비스로 재분류하고 기본 지식과 기술을 유사한 영역으로 함께 설명하여 정보통신 분야를 이해하는 데 도움이 되도록 구성했습니다. 데이터베이스 분야는 이전 판의 데이터베이스 개념, 데이터 모델링 등에 데이터베이스 품질 영역을 추가했으며 실무 사례 위주로 재정비했습니다. ICT 융합 기술 분야는 최근 산업 분야의 디지털 트랜스포메이션 패러다임 변화에 따라 사업의 응용 범위가 워낙 방대하여 모든 내용을 포함하는 데 한계가 있습니다. 따라서 이를 효과적으로 그룹핑하기 위해 융합 산업 분야의 패러다임 변화와 빅데이터, 클라우드 컴퓨팅, 모빌리티, 사용자 경험UX, ICT 융합 서비스 등으로 분류했습니다. 기업정보시스템 분야는 엔터

프라이즈급 기업에 적용되는 최신 IT를 더욱 깊이 있게 설명하고자 했고, 실제 프로젝트가 활발히 진행되고 있는 주제를 중심으로 내용을 재편했습니다. 아울러 알고리즘통계 분야는 빅데이터 분석과 인공지능의 핵심 개념인 알고리즘에 대한 개념과 그 응용 분야에 대한 기초 이론부터 실무 내용까지 포함했습니다.

국내 최고의 ICT 기업인 삼성SDS에 걸맞게 '핵심 정보통신기술 총서'를 기술 분야의 명품으로 만들고자 삼성SDS 기술사회의 집필진은 최선을 다했습니다. 현장에서 축적한 각자의 경험과 지식을 최대한 활용했으며, 객관성을 확보하기 위해 관련 서적과 각종 인터넷 사이트를 하나하나 참조하면서 검증했습니다. 아직 부족한 내용이 있을 수 있고 이 때문에 또 다른 개선이 필요할지 모르지만, 이 또한 완벽함을 향해 전진하는 과정이라 생각하며 부족한 부분에 대한 강호제현의 지적을 겸허한 마음으로 받아들이겠습니다. 모쪼록 독자 여러분의 따뜻한 관심과 아낌없는 성원을 부탁드립니다.

현장 업무로 바쁜 와중에도 개정판 출간을 위해 최선을 다해준 삼성SDS 기술사회 집필진께 감사드리며, 번거로울 수도 있는 개정 작업을 마다하지 않고 지금껏 지속적으로 출판을 맡아주신 한울엠플러스(주)에도 감사를 드립니다. 또한 이 자리를 빌려 총서 출간에 많은 관심과 격려를 보내주신 모든 분과 특별히 삼성SDS 기술사회를 언제나 아낌없이 지원해주시는 홍원표 대표님께 진심으로 감사드립니다.

2019년 3월

삼성SDS주식회사 기술사회

회장 이영길

대표이사 격려사

책을 내는 것은 무척 어려운 일입니다. 더욱이 복잡하고 전문적인 기술에 관해 이해하기 쉽게 저술하려면 고도의 전문성과 인내가 필요합니다. 치열한 산업 현장에서 업무를 수행하는 와중에 이렇게 책을 통해 전문지식을 공유하고자 한 필자들의 노력에 박수를 보내며, 1999년 첫 출간 이후 이번 전면3개정판에 이르기까지 끊임없이 개정을 이어온 꾸준함에 경의를 표합니다.

그동안 정보통신기술ICT은 프로세스 효율화와 시스템화를 통해 기업과 공공기관의 업무 혁신을 이끌어왔습니다. 최근에는 클라우드, 사물인터넷, 인공지능, 블록체인 등의 와해성 기술disruptive technology이 접목되면서 개인의 생활 방식은 물론이고 기업과 공공기관의 운영 방식에도 큰 변화를 가져오고 있습니다. 이런 시점에 컴퓨터의 구조에서부터 디지털 트랜스포메이션에 이르기까지 다양한 ICT 기술의 기본 개념과 적용 사례를 다룬 '핵심 정보통신기술 총서'는 좋은 길잡이가 될 것입니다.

삼성SDS의 사내 기술사들로 이뤄진 필자들과는 프로젝트나 연구개발 사이트에서 자주 만납니다. 그때마다 새로운 기술 변화는 물론이고 그 기술을 일선 현장에 적용하는 방안에 대해 깊이 토론합니다. 이 책에는 그런 필자들의 고민과 경험, 노하우가 배어 있어, 같은 업에 종사하는 분들과 세상의 변화를 알고자 하는 분들에게 도움이 될 것으로 생각합니다.

"세상에서 변하지 않는 단 한 가지는 모든 것은 변한다는 사실"이라고 합니다. 좋은 작품을 만들어 출간하는 필자들과 이 책을 읽는 모든 분에게 끊임없는 도전과 발전의 계기가 되기를 바랍니다. 감사합니다.

2019년 3월
삼성SDS주식회사
대표이사 홍원표

Contents

A 자료 구조

B 알고리즘

D
확률과 통계

Algorithm and Statistics

A
자료 구조

A-1

자료 구조 기본 Data Structure Basic

자료를 보다 효율적으로 저장하고 관리하기 위해 구조화하는 작업이다. 자료 구조는 효율적인 알고리즘 구현의 초석이 되며, 프로그래밍 성능을 결정하는 주요 요인이 된다.

1 자료 구조의 개요

1.1 자료 구조의 정의

- 데이터와 저장 주소의 관계, 데이터를 어떤 순서로 기억시키고 접근할지 결정한다.
- 컴퓨터가 인지 가능한 구조로 데이터를 표현하거나 저장, 처리하는 방법을 분석, 연구하여 구조화한 것으로 데이터를 조직화하고 표현하는 방법이다.
- 자료 구조는 프로그램의 데이터를 효율적으로 사용하기 위해 사용된다. 좋은 자료 구조의 사용은 프로그램의 성능을 향상(연산 횟수 최소화)할 수 있지만 모든 목적에 적합한 단일 자료 구조는 존재하지 않으며, 여러 자료 구조를 혼합 응용해 사용한다.

1.2 자료 구조의 종류

- 구현 방식과 형태(단순 구조, 선형 구조, 비선형 구조)에 따라 정의할 수 있다. 선형 구조는 포인터의 유무에 따라 아래와 같이 세부 구분이 가능하다.

자료 구조의 종류

구분	항목		내용
구현 방식	배열		메모리상 같은 타입이 연속적으로 저장되는 구조
	리스트		노드와 노드의 참조 형태로 데이터를 저장하는 구조
형태	단순 구조		정수, 실수, 문자 등의 단일 데이터를 저장하는 구조
	선형 구조	포인터 있음	연결 리스트(linked list) 구조(연결, 이중, 환형)
		포인터 없음	포인터를 갖지 않음: 스택(stack), 큐(queue) 구조
	비선형 구조		트리(tree), 그래프(graph) 구조

1.3 자료 구조의 특징

- 효율성: 데이터를 사용 목적에 맞게 구조화해 저장하는 것을 말하며 이러한 자료 구조의 특성은 알고리즘 및 프로그램 효율성과도 직결된다.
- 추상화: 복잡한 내부 성질(자료, 모듈)을 간추려 핵심 개념만 도출해 형성된 구조로 사용자는 내부 구조를 파악하는 것이 아니라 사용 측면만 고려하면 된다.
- 재사용성: 여러 프로그램에서 동작이 가능하도록 범용성 있게 설계된 구조로 프로그램의 이식성을 고려해 설계된다.

2 단순 구조

2.1 단순 구조의 개념

- 정수, 실수, 문자, 문자열 등의 단일 데이터를 단순하게 저장하는 구조를 뜻한다.

2.2 단순 구조의 종류

- 단순 구조는 해당 구조가 지원하는 값의 범위, 각 자료 구조별 단위 용량에 대해 이해하고 사용하는 것이 중요하다. 잘못된 단순 구조 사용은 프로그램의 잘못된 이상 동작을 유발하는 원인이 된다(예: int 변수의 범위 초과 연산 시 잘못된 결과 값 리턴).

단순 구조의 종류

종류	타입	메모리 크기		값의 범위
정수	byte	1byte	8bit	-2^7~(2^7-1):(-128~127)
	char	2byte	16bit	0~2^16-1:(유니코드:₩u0000~₩uFFFF, 0~65535)
	short	2byte	16bit	-2^15~(2^15-1):(-32,768~32,767)
	int	4byte	32bit	-2^31~(2^31-1):(-2,147,483,648~2,147,483,647)
	long	8byte	64bit	-2^63~(2^63-1)
실수	float	4byte	32bit	±1.4E-45~±3.4028235E38
	double	8byte	64bit	±4.9E-324~±1.7976931348623157E308
논리	boolean	1byte	8bit	true, false

- 넓은 범위를 가지는 변수 사용 요구가 늘어남에 따라 Big Integer 등의 자료 구조 활용이 증가하고 있다.

3 선형 구조

3.1 선형 구조의 개념

- 선형 구조는 자료들 간의 앞뒤 관계가 1:1로 매핑되는 구조로서 자료의 형태가 일렬로 선형을 이루며 저장되는 구조이다.

3.2 선형 구조의 종류

- 선형 구조는 포인터의 유무로 구분된다. 각 구조에 따라 장단점이 존재하며 해당 특징을 이해하고 프로그램 목적에 맞는 자료 구조를 사용하는 것

이 중요하다.

선형 구조의 종류 간 장단점 비교

항목	포인터 없음(스택, 큐)	포인트 있음(연결 리스트)
장점	- 빠른 액세스 속도(순차 탐색) - 기억 장소의 밀도가 좋음(밀도=1) (포인터에 대한 공간 소모가 없음)	- 중간 노드의 삽입, 삭제 시 가장 효율적 (포인터 변경만으로 가능) - 기억 장소로부터 독립적임(기억 위치에 관계없이 포인터로 추적이 가능)
단점	- 중간 노드의 삽입, 삭제가 어려움 - 기억 장소로부터 종속적	- 노린 액세스 속도 - 링크 포인터만큼의 기억 공간이 더 소모됨

- 자료의 삽입, 삭제가 빈번한 경우에는 연결 리스트, 단순 액세스가 많다면 스택, 큐 등의 포인터가 없는 자료 구조가 유리하다.

4 비선형 구조

4.1 비선형 구조의 개념

- 비선형 구조는 자료들 간의 앞뒤 관계가 1:N 또는 N:N으로 매핑되는 구조로서 하나의 자료 뒤에 여러 개의 자료가 존재할 수 있는 구조를 뜻한다.

4.2 비선형 구조의 종류

- 비선형 구조의 대표격은 트리와 그래프이다. 트리는 그래프의 특별한 케이스로서 그래프가 트리보다 더 상위 개념의 자료 구조를 이야기한다.

비선형 구조의 종류

항목	트리	그래프
loop&circuit	불가능	가능
루트 노드&부모 자식 관계	존재	미존재
노드 순회	프리오더, 인오더, 포스트오더	DFS, BFS
형태	DAG(사이클이 없는 방향 그래프)	cyclic 또는 acyclic
간선 계수	노드의 개수 -1	그래프에 따라 상이함
모델	계층 모델	네트워크 모델

5 자료 구조의 고려사항

5.1 자료 구조의 선택 기준

- 처리 시간: 프로그램의 성능 최대화 고려(최소 처리 시간).
- 자료 특징: 시스템에서 다루는 자료의 크기와 종류를 파악해 선택.
- 활용 빈도: 데이터에 접근access하는 빈도에 따른 자료 구조 선택.
- 자료 갱신: Update, Delete 등의 자료 갱신의 정도를 고려.
- 이식성: 다른 프로그램에 이식 용의성을 생각해 자료 구조 선택.

참고자료

삼성SDS 기술사회. 2014.『핵심 정보통신기술 총서』. 한울아카데미.

https://ko.wikipedia.org

배열 Array

같은 자료형 데이터들이 연속된 메모리 공간에 저장되는 자료 구조 형태이다.

1 배열의 개요

1.1 배열의 정의 및 종류

- 데이터를 연속된 공간에 나열시키고 각 데이터에 인덱스를 부여한 자료 구조를 뜻한다.
- 같은 자료형의 많은 데이터를 처리할 때 기본으로 사용되는 자료 구조이기도 하다.

배열의 구조도

Index	0	1	2	3	4	5
	Data 1	Data 2	Data 3	Data 4	Data 5	Data 6

- 인덱스를 이용해 원하는 데이터에 직접 접근이 가능한 구조이다.

배열의 종류

구분	내용
1차원 배열	같은 타입의 데이터를 모아두는 묶음이 하나인 배열
2차원 배열	1차원 배열이 여러 개 존재하는 배열
기본형 배열	int, boolean, char 등 데이터의 형태가 기본형인 배열
객체형 배열	객체를 참조하는 참조 변수들로 이루어진 배열

2 배열의 선언과 생성

2.1 배열의 선언

- 배열은 기본적으로 [ ] 기호를 이용해 아래와 같이 선언한다.

배열의 선언 예시

표현	1차원 배열	2차원 배열
type 1	타입[ ] 변수; ex) `int[] myarr`	타입[ ] [ ] 변수; ex) `int[][] myarr`
type 2	타입 변수[ ]; ex) `int myarr[];`	타입 변수[ ][ ]; ex) `int myarr[][];`

2.2 배열의 생성

배열의 생성 방식

생성 방식	내용	표현 방식
값 목록으로 생성	{ } 안에 저장할 값을 열거하는 방식	타입[ ] 변수 = {값, 값, …. }
new 연산자 생성	new 연산을 이용하며 개수를 정의	타입[ ] 변수 = new 타입[길이]

- 값 목록으로 배열을 실제 생성하면 아래와 같이 생성이 된다.

값 목록으로 생성한 배열의 예시

```
// 배열의 생성
String[] names = {"kim", "Lee", "Park", "Yang"};
```

⬇

Index	0	1	2	3
Value	Kim	Lee	Park	Yang

- 하지만 프로그래밍에서는 아래와 같이 new 연산자로 사용하는 것이 일반적이다.

new 연산자로 생성한 배열의 예시

```
// 배열의 생성
  int[] myarr = new int[4];
  myarr[0] = 90;
  myarr[1] = 1;
  myarr[2] = 40;
```

⬇

Index	0	1	2	3
Value	90	1	40	empty

- 표현이 직관적이며 구현 및 제어가 쉬워 여러 곳에서 가장 기본적인 자료구조로 사용되고 있다. 사용 시 인덱스의 영역 제어를 적절하게 해주어야 한다. 만약 인덱스가 배열의 수용 영역을 벗어나게 되면 JAVA의 경우 Array out of bounds excepiton을 발생시킨다.

참고자료
삼성SDS 기술사회. 2014.『핵심 정보통신기술 총서』. 한울아카데미.

A-3

연결 리스트 Linked List

순서를 가지고 원소들을 나열한 자료 구조. 포인터(pointer)라는 요소를 통해 노드(node)는 자신의 앞뒤 노드를 가리키며, 순열(sequence)이라고도 불린다.

1 연결 리스트의 개요

1.1 연결 리스트의 정의 및 구성 요소

- 데이터가 연속적 배열이 되어 있지 않아도 포인터 요소를 이용해 연결되는 자료 구조이다. 정적 메모리 할당이 아닌 데이터가 발생할 때마다 메모리를 할당하는 동적 메모리 할당 방식이다.

연결 리스트의 구성 요소

구분	내용
데이터 필드	실제 시스템에서 표현하고자 하는 데이터의 값이 존재하는 필드
링크 필드(포인터)	값이 존재하는 메모리의 주소 값이 저장되어 있는 필드

1.2 연결 리스트의 장단점

연결 리스트의 장단점

장점	단점
삽입, 삭제 시 포인터 요소를 이용해 효율적 처리가 가능함	동일한 데이터 표현 시 배열에 비해 더 많은 메모리 필요
동적 메모리 할당 방식으로 크기의 제한이 없으며 연속된 메모리 공간이 필요하지 않음	배열에 비해 데이터 접근 속도가 느리고 직접 접근 불가능

- 연결 리스트는 데이터 선택(접근)보다는 삽입, 삭제가 빈번하게 이루어지는 시스템에 적합하며, 미리 데이터의 개수를 정확하게 알 수 없을 때도 사용이 가능한(동적 데이터 할당 방식이기 때문) 자료 구조이다.

2 연결 리스트의 종류

- 연결 리스트는 대표적으로 단일, 이중, 환형 연결 리스트 종류를 가지고 있다. 데이터를 연결하는 포인터의 개수, 형태 등에 따라 종류가 구분된다.

리스트의 종류

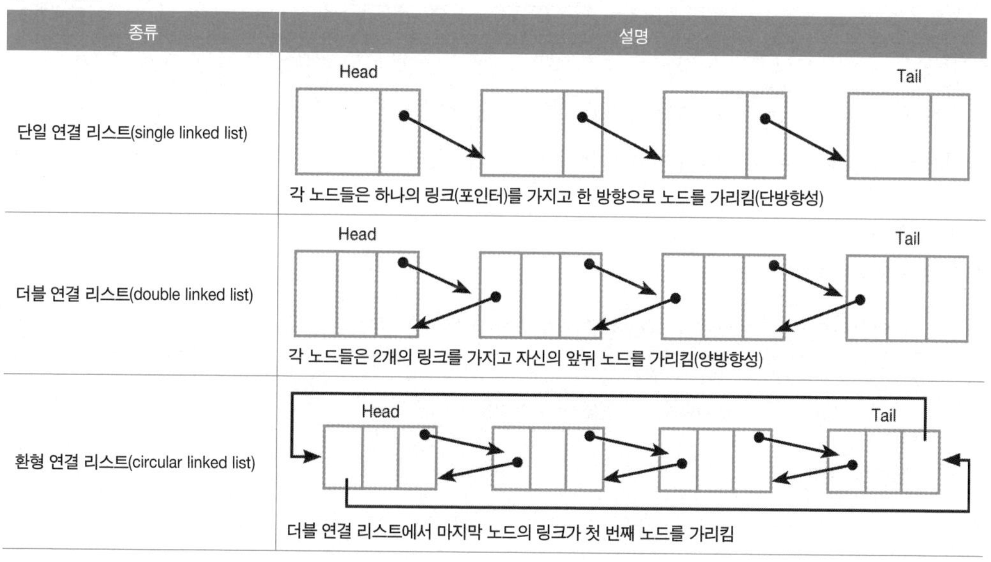

종류	설명
단일 연결 리스트(single linked list)	각 노드들은 하나의 링크(포인터)를 가지고 한 방향으로 노드를 가리킴(단방향성)
더블 연결 리스트(double linked list)	각 노드들은 2개의 링크를 가지고 자신의 앞뒤 노드를 가리킴(양방향성)
환형 연결 리스트(circular linked list)	더블 연결 리스트에서 마지막 노드의 링크가 첫 번째 노드를 가리킴

- 이외에도 배열과 리스트의 개념을 융합한 청크 리스트chunked list가 있다. 청크 리스트는 CPU 캐시 기능이 존재하는 경우 메모리의 지역성locality이

낮은 연결 리스트의 단점을 보안하기 위한 것으로 B+ 트리 형태로 발전되었다.

- 탐색, 삽입, 삭제 등의 공통적인 기능 수행이 가능하며, 기본적인 원리를 이해하면 원리를 기반으로 다양한 리스트 형태의 구현이 가능하다.

3 연결 리스트의 동작 원리

3.1 탐색

- 연결 리스트는 직접 접근이 불가능한 자료 구조이기 때문에 포인터를 이용해 전체 탐색이 필요하다(인덱스를 이용한 직접 접근이 불가능함).

리스트의 탐색

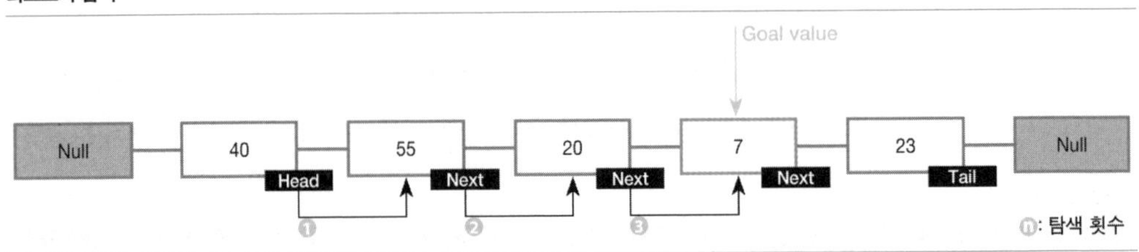

- 위와 같이 특정 값을 찾기 위해서는 링크(포인터)를 통해 순차 탐색을 수행하게 되며 그에 따라 배열에 비해 탐색 속도가 느린 편이다.

리스트의 탐색 코드 예시

```
node*Search_node(goal_value)
{
	node *temp = head->next;  // 링크가 리스트에서 첫 Node를 가리키도록 설정
	While(temp->value!=goal_value && temp!=tail) // 값을 찾았거나 리스트의 끝까지 탐색
	{
		temp = temp->next;  //다음 Node로 이동
	}
	return temp;
}
```

- 포인터를 이용해 연결된 노드를 순서대로 탐색하는 방식으로 수행한다.

3.2 삽입

- 실제 노드를 삭제하는 것이 아닌 연결 링크를 수정하는 방식으로 쉽게 수행이 가능하다.

리스트의 삽입

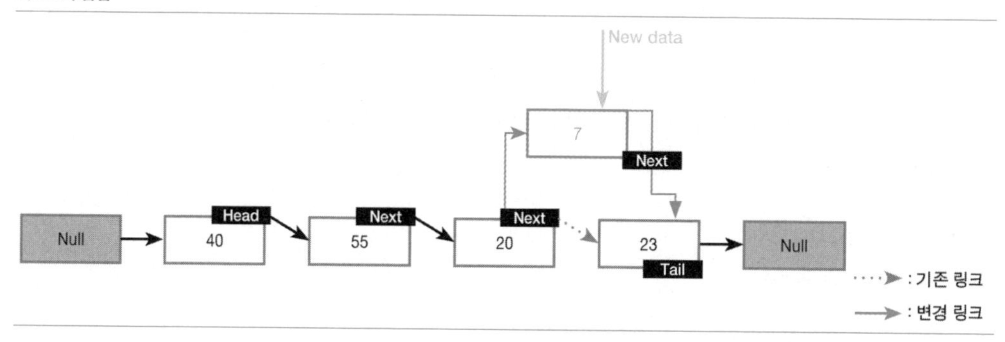

- 삽입 위치 전 노드의 next 노드를 신규 데이터의 주소로 지정하고 신규 데이터의 next 노드를 삽입 위치 다음 노드의 주소로 지정함으로써 데이터를 삽입한 것과 동일 효과가 발생한다.

리스트의 삽입 코드 예시

```
Void *insert_node(node *new_node)
{
    //삽입 위치를 위의 탐색 코드를 통해서 찾았다고 가정함
    before_node->new = new_node; //전 노드의 next를 신규노드의 주소로 저장
    new_node->next = after_node; //신규노드의 next를 삽입 바로 뒤 노드의 주소로 저장
}
```

- 데이터 삽입 시 배열과는 다르게 모든 데이터의 위치 변경이 불필요하고 직접 관계된 데이터 노드들의 링크 수정만으로 가능하기 때문에 속도가 빠른 편이다.

3.3 삭제

- 삽입과 마찬가지로 링크가 가리키는 노드 주소의 변화만으로 삭제 기능 수행이 가능하다.

리스트의 삭제

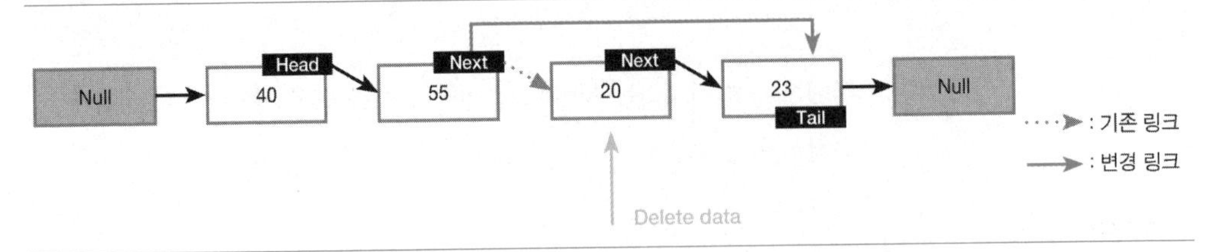

- 삭제 바로 전 노드의 링크를 삭제 다음 노드의 주소로 변경하는 것만으로 삭제가 가능하다(단, 메모리 누수 발생 가능성이 있으므로 삭제 노드의 메모리를 해제해주는 것을 권고함).

리스트의 삭제 코드 예시

```
Void node *delete_node()
{
    //삭제 위치를 위의 탐색 코드를 통해서 찾았다고 가정함
    before_node->next = after_node; // 전 노드의 next를 신규노드의 주소로 저장
    // 이후 삭제 대상 노드의 메모리를 해제 시켜줌
}
```

- 연결 리스트는 삽입, 삭제가 용이하기 때문에 실제 스택, 큐, 트리 등의 구조를 표현하는 데 사용되기도 한다.

참고자료

삼성SDS 기술사회. 2014.『핵심 정보통신기술 총서』. 한울아카데미.
https://ko.wikipedia.org

기출문제

(114회 정보관리 1교시) 1. 다중 연결 리스트(Multi-Linked List)

(101회 정보관리 2교시) 4. 다음과 같이 구조체 자료형인 _node를 선언하고 이를 이용해 연결 리스트를 만들었다. 다음 소스를 보고 물음에 답하라(단, 시작함수는 _tmain( )).

```
typedef struct _node
{
    int data;
    struct _node *next;
} node;

node *head, *tail;
void init_list(void)
{
    head = (node*)malloc(sizeof(node));
    tail = (node*)malloc(sizeof(node));
    head->next = tail;
    tail->next = tail;
}

node *ordered_insert(int k) {}
node *print_list(node* t) {}
int delete_node(int k) {}

int _tmain(int argc, _TCHAR* argv[])
{
    node *t;

    init_list();
    ordered_insert(10);
    ordered_insert(5);
    ordered_insert(8);
    ordered_insert(3);
    ordered_insert(1);
    ordered_insert(7);

    printf("\nInitial Linked list is");
    print_list(head->next);

    delete_node(8);
    print_list (head->next);

    return 0;
}
```

1) 숫자 10, 5, 8, 3, 1, 7을 삽입하되 작은 수부터 연결 리스트가 유지되도록 함수 ordered_insert(int k)를 작성하라(단, k는 삽입하려는 정수).

2) 연결 리스트를 구성하는 각 노드의 변수 데이터를 모두 출력하는 함수 print_list(node* t)를 작성하라(단, t는 노드에 대한 시작 포인터이고, 화면에 출력할 함수는 printf( )를 사용).

3) 삭제하려는 숫자를 인수로 받아 그 노드를 삭제하는 함수 delete_node(int k)를 작성하라(단, k는 삭제하려는 정수).

스택 Stack

스택은 사전적으로 '더미', '쌓아올림'이라는 의미를 가지며, 자료 구조에서는 데이터의 연산(삽입, 삭제)이 한쪽 끝인 톱(top)에서만 이루어지도록 제한하는 특별한 형태의 데이터 구조를 뜻한다.

1 스택의 개요

1.1 스택의 정의 및 연산 종류

스택의 개요

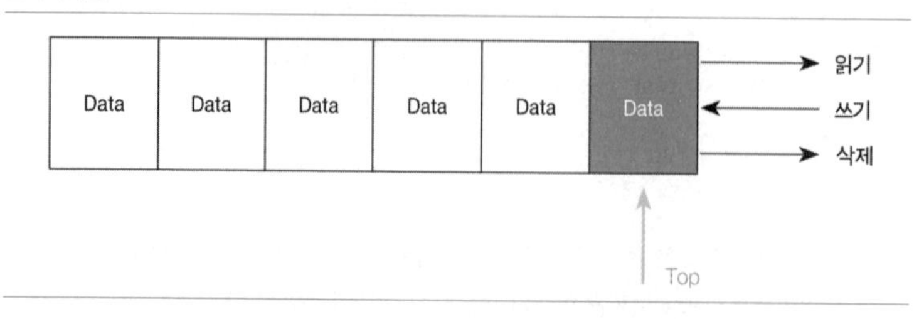

- 스택은 데이터를 쌓아올리는 형태로 저장하며 추출할 때는 맨 위 데이터를 먼저 꺼내는 형태이기 때문에 마지막 데이터를 제일 먼저 꺼내는 후입선출LIFO: last in first out 형태의 자료 구조이다.
- 가장 최근에 입력된 데이터를 톱top이라고 하며 스택은 톱에서만 삽입, 삭제, 읽기 동작이 발생한다.

스택의 특징

종류	내용
톱(top) 연산	오직 톱 영역에서만 삽입, 삭제, 조회 등의 기능이 동작
후입 선출(LIFO)	마지막에 들어온 데이터가 가장 먼저 처리되는 자료 구조

1.2 스택의 연산 종류

스택의 연산 종류

종류	내용
Push	톱 값을 하나 증가시킨 후 새로운 데이터를 삽입
Pop	톱이 가리키고 있는 자료를 삭제한 후 톱 값을 하나 감소
Peek	톱이 가리키는 데이터를 읽는 작업. 톱 값의 변화는 없음
top	스택의 맨 위에 있는 데이터 값을 반환
isempty	스택에 원소가 없으면 true, 있으면 false를 반환
isfull	스택의 크기가 꽉 차 있으면 true, 아니면 false 반환

2 스택의 연산

2.1 Push

- 새로운 자료를 스택에 추가하는 연산을 이야기한다.

Push 연산

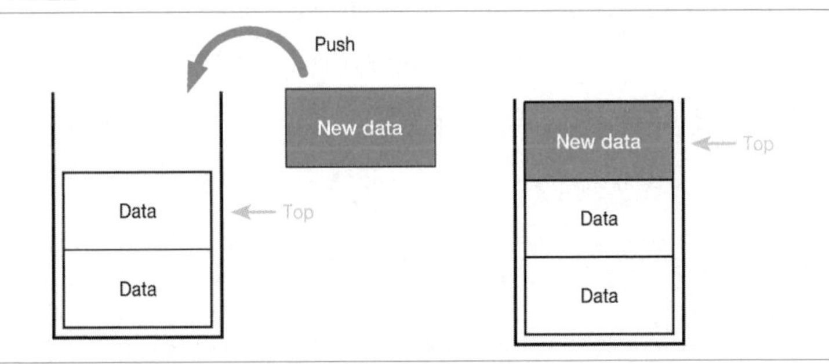

- 신규 데이터를 데이터의 제일 위 포지션에 추가하며 해당 데이터 주소를 톱으로 지정한다.

Push 연산 샘플 코드

```
int push(int dat) {
    if(top >= Stack_size) {  //최대 size가 넘어가는 경우 Stack OverFlow 발생
        printf("Stack Overflow\n");
    } else {              // Top의 위치를 한 단계 위로 변경 및 value 저장
        top++;
        Stack[top] = dat;
    }
}
```

- 스택은 최대 자료 개수를 저장할 수 있는 크기를 가지고 있으며, 이 크기를 초과할 경우 스택 오버 플로우stack overflow가 발생한다.

2.2 Pop

- 스택에서 자료를 꺼내는 연산. 스택의 제일 위 영역에서만 연산이 이루어진다.

Pop 연산

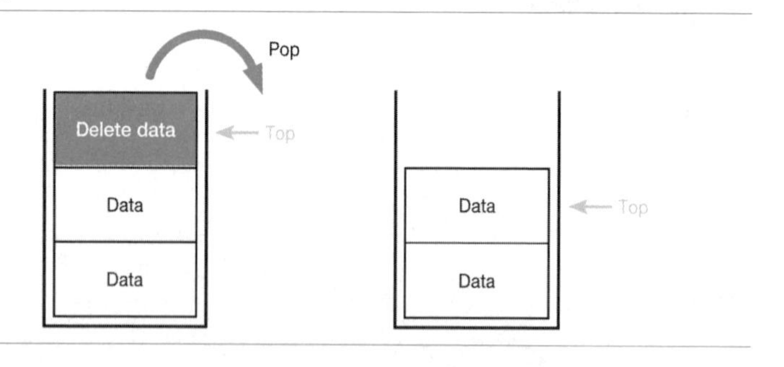

- 삭제 대상 데이터의 값을 삭제하고 톱의 위치를 그다음 (아래) 데이터의 주소로 지정한다.

Pop 연산 샘플 코드

```
int pop(void) {
    if(top <= -1) {  //Stack에 데이터가 없는 상황일시 UnderFlow 발생
        printf("Stack Underflow\n");
    } else {
        Stack[top] = 0;  //Top 데이터를 지우고 위치를 한 단계 내림
        top--;
    }
}
```

- 자료가 없는 상태에서 Pop 연산을 수행 시 스택 언더 플로우stack underflow 현상이 발생한다.

2.3 Peek

- 스택에서 톱 위치에 있는 데이터를 조회해 리턴하는 연산이다.

Peek 연산

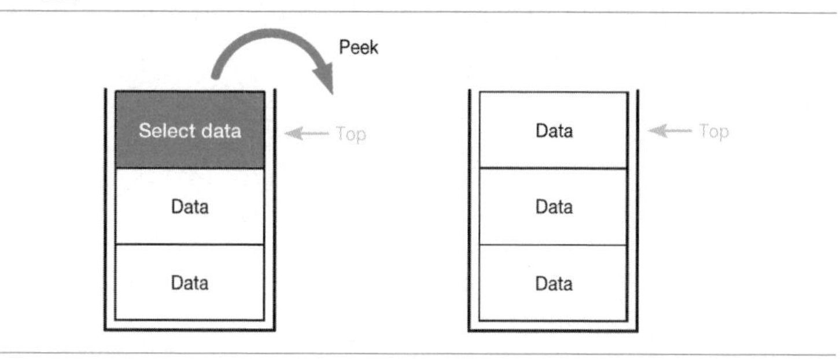

- 톱에 있는 데이터를 반환하며 톱의 주소나 데이터의 수정, 삭제 등은 일어나지 않는다.

Peek 연산 샘플 코드

```
int peek(void)
{
    if(top <= -1) { //Stack에 데이터가 없는 상황일시 UnderFlow 발생
        printf("Stack Underflow\n");
    } else
    {
        return top.data; //Stack이 비어 있지 않은 경우 Top의 데이터를 반환한다.
    }
}
```

- Peek 연산 역시 톱에 데이터가 있어야 수행이 가능하며 비어 있을 시는 에러가 발생한다.

3 스택의 활용 사례

사례	내용
인터럽트	인터럽트 우선순위는 기본적으로 스택 연산 구조를 따름
서브 프로그램 분기	재귀 함수 등의 서브 프로그램 동작 절차는 스택의 LIFO 구조를 가짐
수학 수식	수식 계산에서의 괄호에 대한 우선순위 처리 시 이용
문서, 그림 편집기	undo 기능 구현 시 스택의 LIFO 구조로 데이터 저장 및 처리

- 톱 영역에서만 연산이 이루어지는 구조적 특성을 이용해 여러 분야에서 실제적으로 활용되고 있는 자료 구조이다.

참고자료

삼성SDS 기술사회. 2014.『핵심 정보통신기술 총서』. 한울아카데미.
https://ko.wikipedia.org

기출문제

(102회 정보관리 4교시) 스택을 생성하고 노드를 받아들일 수 있게 준비하는 AS_CreateStack( ) 함수를 다음과 같이 구현했다. 다음 함수를 완성하라.

가. 삽입(push)함수(아래 void AS_Push(AS *Stack, ElementType Data))
나. 제거(pop) 함수(아래 ElementType AS_Pop(AS *Stack))

(93회 정보관리 4교시) 프로그래밍 언어 컴파일러(compiler)에서 사용되는 이동-축소 파서(shift-reduce parser)를 액션 테이블(action table)을 중심으로 기술하고 다음의 문법(grammar)을 사용해 "the dog jumps"라는 문장을 파싱하는 과정을 스택과 입력문(input sequence)을 사용해 설명하라.

큐 Queue

큐는 표를 사기 위해 일렬로 늘어선 사람들의 줄을 말하기도 하며, 먼저 줄을 선 사람이 먼저 나갈 수 있는 형태를 뜻하기도 한다. 자료 구조에서는 이러한 구조를 데이터를 담는 형태로 형상화해 생각할 수 있다.

1 큐의 개요

1.1 큐의 정의 및 함수 종류

큐의 개요

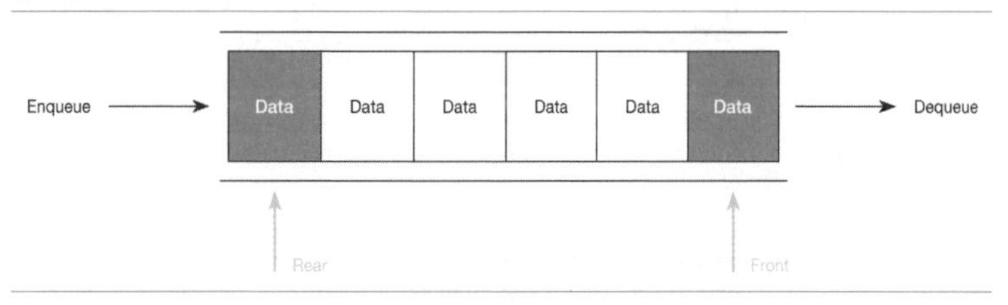

- 데이터의 열을 기억시킨 것으로서 데이터의 삽입을 한쪽 끝에서 행하고 삭제는 다른 한쪽에서 행하며, 먼저 들어온 항목이 먼저 삭제되는 FIFO first-in first-out 구조이다.

큐 함수의 종류

방법	설명
Enqueue	큐에 신규 데이터를 삽입함(rear 영역에 삽입)
Dequeue	큐에 데이터를 제거(앞부분)
Peek	큐의 앞부분의 데이터를 읽어서 리턴하는 함수

- rear 부분에 데이터가 삽입되며 앞 영역에서 처리Dequeue가 수행되는 것을 기본 원칙으로 한다.

2 큐의 종류

2.1 선형 큐 Linear Queue

- 가장 기본적인 큐의 형태로 자료가 일렬로 선형을 이루며 저장되는 구조이다.
- 크기가 제한되어 있으며 빈 공간을 사용하기 위해서는 기존의 데이터가 한 칸씩 밀리는 연산이 일어나야 한다.

선형 큐

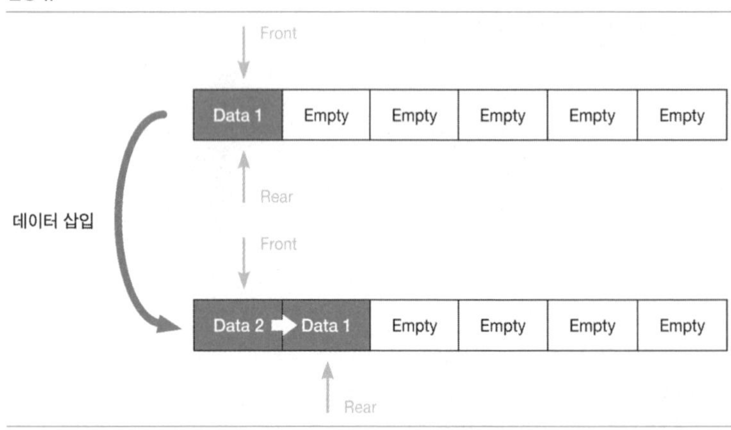

- 선형 큐의 경우 rear가 큐의 끝을 가리키면, 앞의 큐에 빈 공간이 있어도 더 이상 삽입 연산을 할 수 없으며 그로 인해 메모리의 낭비를 초래하게 된다. 이러한 선형 큐의 단점을 보완한 것이 원형 큐의 형태로 나타난다.

2.2 환형 큐 Circular Queue

- 선형 큐의 단점을 보완한 구조이다.
- front가 큐 마지막을 가리키면 큐의 맨 앞으로 자료를 보내 원형으로 연결하는 형태로 구성된다.

환형 큐

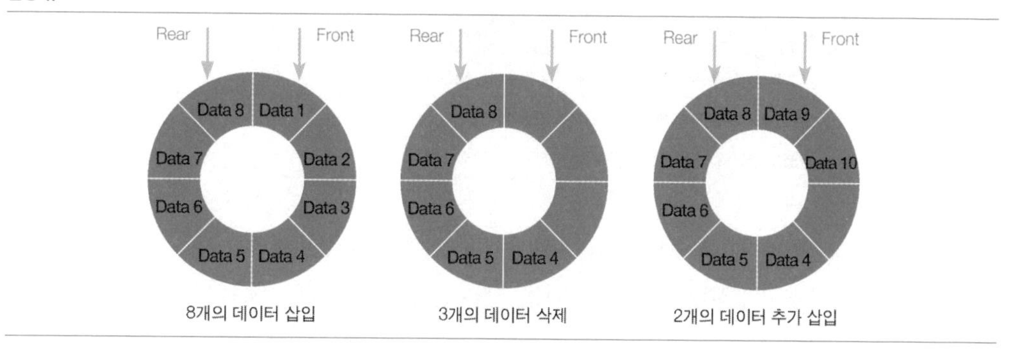

- front의 인덱스 값이 큐 크기 -1 다음에 0으로 순환되어 큐를 유지하는 것이 핵심이다.

2.3 링크드 큐 Linked Queue

- 연결 리스트의 형태로 구성된 큐의 종류로 front 포인터는 삭제를 담당하며 rear 포인터는 맨 뒤(가장 최근에 들어온) 데이터를 가리킨다.

링크드 큐

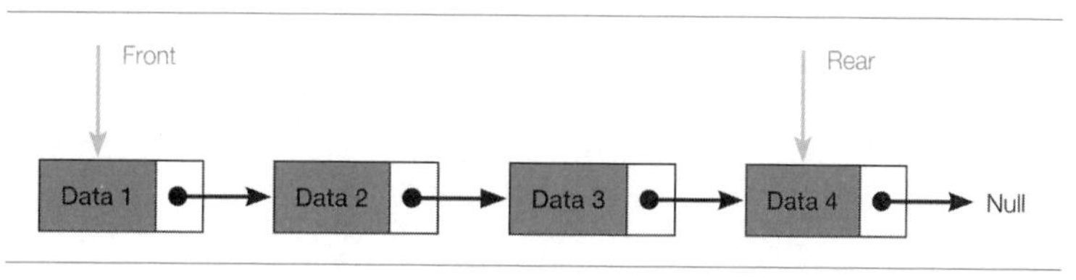

- 포인터를 이용한 삽입, 삭제를 통해, 기존 큐에서의 연산 부담을 줄인 것이 특징이며 큐의 길이에서 자유로워져 오버 플로우가 발생하지 않는다.

2.4 우선순위 큐 Priority Queue

- 데이터마다 우선순위를 부여하고 해당 우선순위를 근거로 높은 우선순위의 데이터가 먼저 나오는 큐의 형태이다. 우선순위 큐의 구현 방법은 아래 표와 같이 크게 3가지로 나뉜다.

우선순위 큐의 구현 방법

방법	특징
배열	데이터의 삽입, 삭제마다 데이터를 당기거나 미는 연산 발생
연결 리스트	삽입 위치를 찾기 위해서 전체 탐색을 수행해야 함
힙	배열과 리스트의 단점을 보완해 보편화된 구현 구조

- 우선순위 큐는 성능 측면을 고려해 힙heap을 이용해 구현하는 것이 일반적이며 기본 연산인 삽입과 삭제 연산은 아래 표와 같은 원리로 수행된다.

최소 힙으로 구현한 우선순위 큐의 연산 사례

연산	단계	내용
삽입 연산	1	신규 데이터는 우선순위가 가장 낮다고 가정하고 마지막 위치에 삽입
	2	삽입된 데이터를 부모 노드와 비교하면서 swap 연산으로 정렬 수행
삭제 연산	1	front인 루트 노드를 삭제하고 가장 마지막 노드를 루트 노드로 지정
	2	루트 노드는 자식 노드 데이터와 크기를 비교하면서 정렬 수행

- 힙으로 구현했을 경우 삽입, 삭제 및 탐색 부분에서 우수한 성능 확보가 가능하다.

3 큐의 구현

3.1 Enqueue 연산

- 신규 데이터를 큐에 삽입하는 연산이다.

Enqueue 연산 샘플 코드

```
int Enqueue(int data) {
if ((rear+1) % Queue_SIZE == front) {    // 큐의 여유공간 확인
        printf ("Overflow!!");
        return -1;
    }
    queue[rear] = data;
    rear = ++ rear % Queue_SIZE;    // rear를 다음 빈 공간으로 변경, 환형 큐 형태
    return 1;
}
```

- 코드 구현 시 최소한 메모리 관리를 위해 환형 큐 구조를 사용한다.

3.2 Dequeue 연산

- front에 있는 데이터를 꺼내는 연산이다.

Dequeue 연산 샘플 코드

```
int Dequeue (void) {
    int data;
    if (front == rear) {    // 큐의 데이터 존재 유무 확인
        printf ("    Queue Empty");
        return -1;
    }
    data = queue[front];    // front의 값을 리턴 데이터로 가지고 옴
    front = ++front%Queue_SIZE;    // front를 다음 자리로 이동시킴
    return data;
}
```

4 큐의 활용 사례

사례	내용
은행 표 발권	먼저 발권받은 고객이 먼저 은행 업무를 진행함
N/W 트래픽 제어	트래픽 간의 충돌 회피 기능(우선순위 큐)
압축 알고리즘	데이터 압축 시 큐 구조 사용(허프만 코딩)

- 이 밖에도 CPU 스케줄링 등 다양한 분야에서 활용되고 있다.

참고자료

삼성SDS 기술사회. 2014.『핵심 정보통신기술 총서』. 한울아카데미.
https://ko.wikipedia.org

기출문제

(102회 정보관리 1교시) 7. 우선순위 큐(Priority Queue)

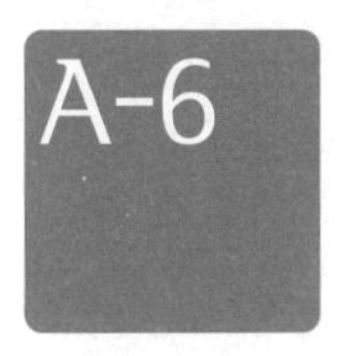

트리 Tree

마치 나무의 나뭇가지와 유사하게 계층적 구조를 가지고 있는 자료 구조이다.

1 트리의 개요

1.1 트리의 정의

- 정점node과 선분branch(가지)으로 연결된 그래프의 특수한 형태로, 순환구조cycle를 갖지 않은 그래프를 뜻한다.
- 각 정점은 단 하나의 부모 노드를 가진다.

1.2 트리의 구성 요소

트리의 구성 요소

구성 요소	설명
노드(node)	데이터의 인덱스와 값을 표현하는 트리의 구성 요소
엣지(edge)	노드와 노드의 연결 관계를 표현하는 선
로트 노드(root node)	트리에서 가장 상위에 존재하는 노드
부모 노드(parent node)	두 노드 간의 관계에서 상위 노드에 해당하는 노드

자식 노드(child node)	두 노드 간의 관계에서 하위 노드에 해당하는 노드
리프 노드(leaf node)	트리 구조에서 가장 하위에 존재하는 노드(자식 노드가 없는 노드)
서브 트리(sub tree)	전체 트리에 속해 있는 작은 트리 각각을 뜻함

트리의 구성 요소

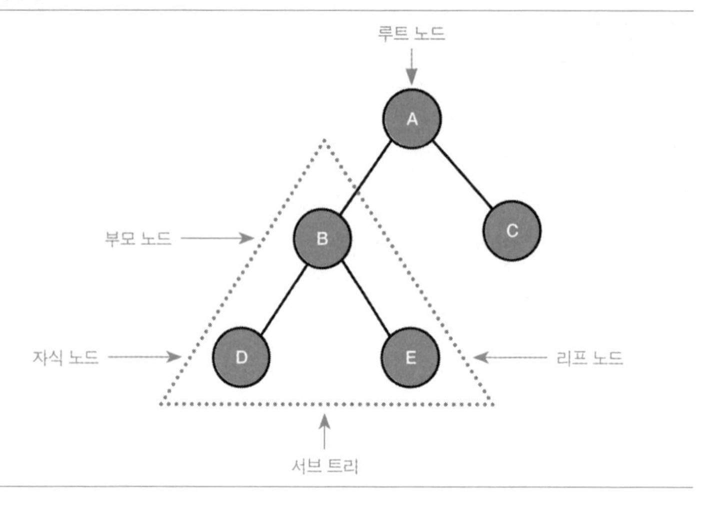

- 트리는 노드와 엣지를 이용해 데이터 간의 관계를 표현하는 것이 핵심이다.

2 트리의 표현 방법

2.1 이차원 기억표 표현법

- 자식 노드 기억표를 이용하는 방법: 이차원 행렬로 트리를 표현하는 방법으로 탐색 속도가 느리며 기억 영역 낭비가 심한 단점이 있다.

2.2 리스트 표현법

- 자식 노드의 리스트를 이용하는 방법: 탐색 속도가 느리며, 트리의 특징 표현이 불가능하다는 단점이 있다.

자식 노드 기억표를 이용한 트리 표현법

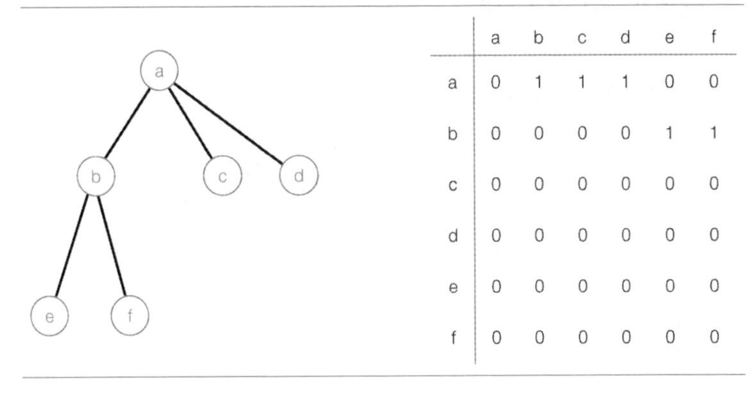

	a	b	c	d	e	f
a	0	1	1	1	0	0
b	0	0	0	0	1	1
c	0	0	0	0	0	0
d	0	0	0	0	0	0
e	0	0	0	0	0	0
f	0	0	0	0	0	0

자식 노드 리스트를 이용한 트리 표현법

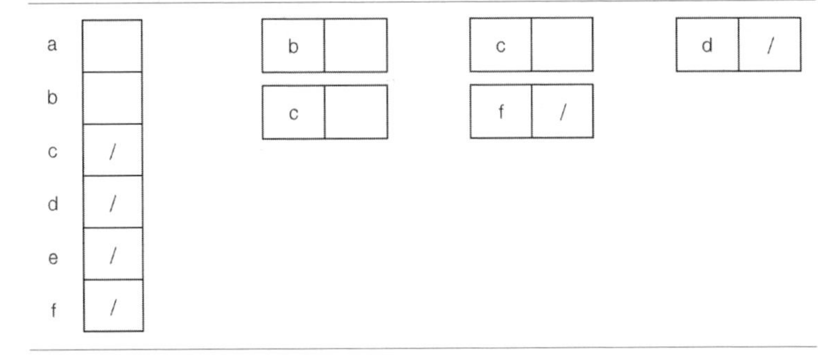

2.3 포인터 표현법

- 포인터를 이용해 트리 모양을 표현하는 방법: 자식의 수가 불규칙적일 경우, 기억 영역의 낭비가 심할 수 있다.

포인터를 이용한 트리 표현법

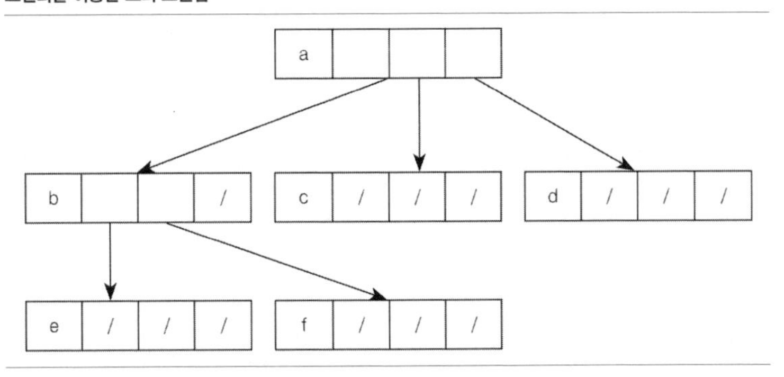

3 트리의 탐색 방법

3.1 프리오더 Pre-Order

- 처음 정점을 방문할 때 해당 정점을 출력하는 방법으로, root → left → right 순으로 검사하는 방법이다.

프리오더 방문 순서도

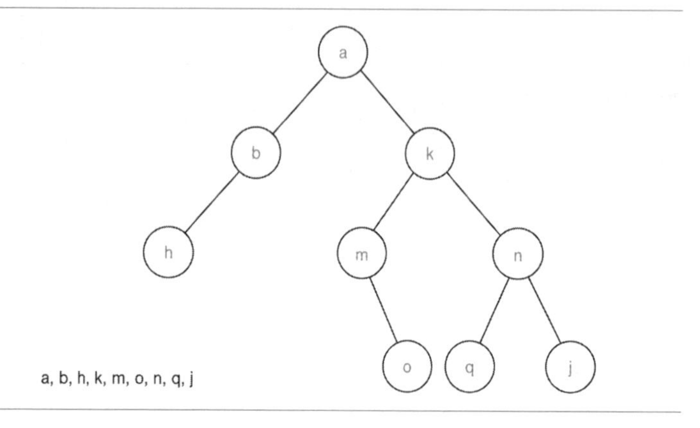

3.2 포스트오더 Post-Order

- 백트래킹back-tracking 시 출력하는 방법으로, 해당 정점을 마지막 방문했을 때 출력하는 방법이다. 출력 순서는 left → right → root 순이 된다.

포스트오더 방문 순서도

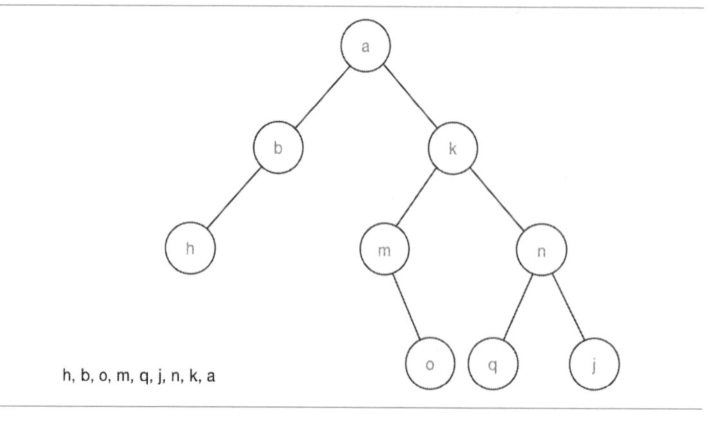

3.3 인오더 In-Order

- 백트래킹back-tracking 시 출력하나, 루트root는 우측 자식 노드 방문 전 출력하는 방법으로, 출력 순서는 left → root → right이다.

인오더 방문 순서도

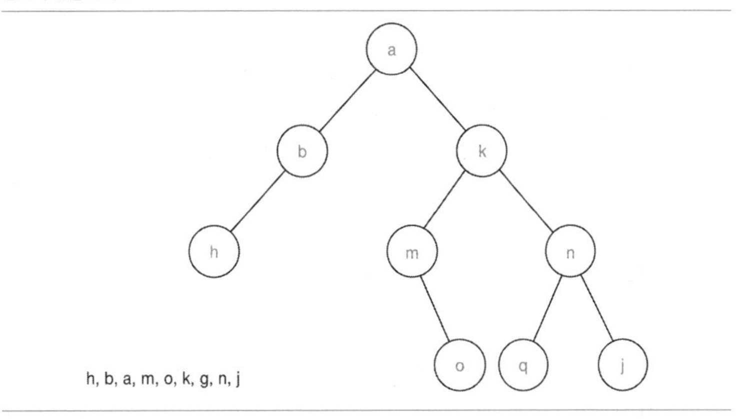

4 트리의 종류

4.1 순서 트리

- 노드에 순서가 지정되어 있어 데이터의 저장 위치가 고정되는 트리이다.

순서 트리

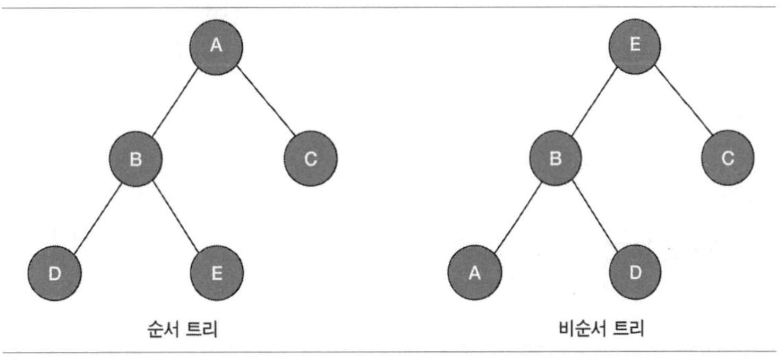

4.2 이진 트리 Binary Tree

- 각 노드의 차수, 자식이 2 이하로 구성되어 있는 순서 트리로 가장 많이 사용된다.

이진 트리의 종류

세부 종류	설명
정 이진 트리(full binary tree)	모든 노드가 0개 또는 2개의 자식 노드를 갖는 트리
포화 이진 트리(perfact binary tree)	트리의 깊이(높이)가 모두 일정하며 리프 노드가 꽉 찬 이진 트리
완전 이진 트리(complete binary tree)	마지막 레벨을 제외하고 모든 레벨이 완전하게 채워져 있으며 마지막 노드는 가능한 가장 왼쪽에 있는 이진 트리

4.3 이진 탐색 트리 Binary Search Tree

- 노드는 최대 2개의 자식 노드를 가지고 있으며 왼쪽 자식 노드는 자신보다 작은 값, 오른쪽 자식 노드는 자신보다 큰 값을 유지하는 탐색을 위한 자료 구조의 형태이다.

이진 탐색 트리

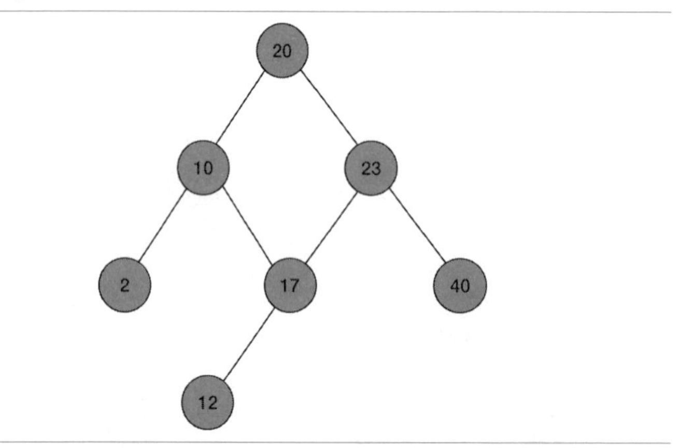

4.4 균형 트리 Balanced Tree

- 이진 트리 중 하위 노드의 구조가 대칭이 되도록 유지하는 트리. 가장 대표적인 균형 트리로는 AVL 트리가 있다. AVL 트리는 균형 인수의 절댓값이 2 이상인 경우에는 아래와 같이 회전을 통해 균형(균형 인수 절댓값 1

이하)을 유지한다.

AVL 회전의 종류

세부 종류		설명
단순 회전	LL 회전	불균형 노드의 좌측 자식을 좌측 서브 트리에 삽입
	RR 회전	불균형 노드의 우측 자식을 우측 서브 트리에 삽입
이중회전	LR회전	불균형 노드의 좌측 자식을 우측 서브트리에 삽입
	RL회전	불균형 노드의 우측 자식을 좌측 서브트리에 삽입

- 그 외에도 B 트리, B 트리에서 발전된 레드-블랙 트리 등이 대표적 균형 트리이다.

참고자료

김종현. 2008.『실생활 문제로 접근하는 자료 구조와 알고리즘』. 내하출판사.
고건 외. 2008.『정보처리기사 필기: 운영체제』. 영진닷컴.
삼성SDS 기술사회. 2014.『핵심 정보통신기술 총서』. 한울아카데미.
https://ko.wikipedia.org

기출문제

(111회 정보관리 4교시) 3. 공간 인덱스 구조에서 MBR을 설명하고, R 트리, R+ 트리, R* 트리를 비교하라.

(107회 정보관리 4교시) 6. 다음과 같은 노드 구조를 통해 생성된 이진 트리에 대해 물음에 답하라.

```
Typedef struct Node{
    int value;
    struct Node* left;
    struct Node* right;
    } Node;
```

이진 탐색 트리의 루트 노드와 정수를 인자로 받아서, 주어진 숫자를 이진 탐색 트리에 삽입하는 재귀 함수 Node* insert Binary Tree(Node* node, int val)를 작성하라.

이진 탐색 트리란 "트리 내의 임의의 노드에 대해 해당 노드의 값이 해당 노드의 부분 트리의 모든 값보다 크고 오른쪽 부분 트리의 모든 값보다 작은 이진 트리"를 말한다. 여기서 인자로 받은 값이 트리 내에 존재하지 않는다고 가정하며, 작성한 리턴 값은 삽입이 완료된 트리의 루트 노드이다.

(101회 컴퓨터시스템응용 3교시) 6. 쓰레드 이진 트리(Threaded Binary Tree)를 정의하고 쓰레드 이진 트리를 표현하는 일반적 규칙과 쓰레드 이진 트리를 나타내기 위한 노드 구조를 제시하라.

또한 다음에 제시된 이진 트리에 대해 전위 운행(preorder traversal) 방식에 의한 쓰레드 이진 트리가 메모리 내에서 어떻게 표현되는지 연결 리스트를 사용해 그림으로 제시하라.

(101회 정보관리 3교시) 4. B 트리와 B+ 트리와 관련해 다음을 설명하라.

1) B 트리와 B+ 트리의 정의와 차이점

2) B 트리의 삽입 알고리즘

3) B 트리의 삭제 알고리즘

4) 26, 57, 5, 33, 72, 45를 순서대로 삽입하고, 72, 33, 45를 순서대로 삭제하는 모든 과정의 B 트리를 그려보라(단, 차수는 3).

(99회 정보관리 1교시) 1. 이진 탐색 트리의 데이터 삽입 과정에 대해 설명하라.

A-7

그래프 Graph

객체나 데이터 간의 연결 관계를 표현하는 자료 구조이다. 실생활에서는 버스 노선도나 전철 노선도, SNA 등을 표현할 때 사용되고 있다.

1 그래프의 개요

1.1 그래프의 정의 및 구성 요소

- 공집합이 아닌 정점vertex의 유한 집합 V와 두 정점의 쌍으로 이루어진 연결선edge의 집합 E로 구성되는 특수한 형태의 자료 구조이다.
- 그래프 G의 정점들의 집합은 V(G)로, 간선들의 집합은 E(G)로, 그래프는 G=(V, E)로 표현된다.

그래프의 구성 요소

구분	내용
정점(vertex)	값을 담을 수 있는 객체를 의미하며 노드라고도 불림
간선(edge)	정점들과의 관계를 나타내는 요소이며 링크라고도 불림

2 그래프의 종류

2.1 무방향 그래프 Undirected Graph

- 정점들의 쌍의 순서가 없는 그래프로, 정점 사이에 방향성이 없는 연결선으로 연결된 그래프의 형태를 뜻한다.
- 무방향 그래프는 괄호로 표현하며 무방향 그래프 (v_1, v_2)와 (v_2, v_1)은 동일한 연결선을 의미한다.

무방향 그래프

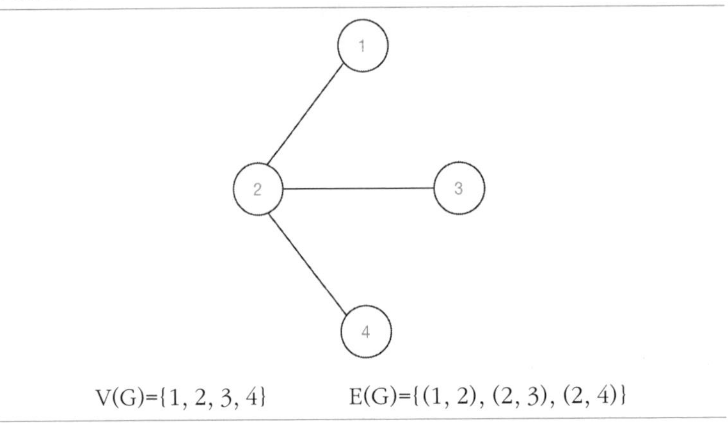

V(G)={1, 2, 3, 4}　　　　E(G)={(1, 2), (2, 3), (2, 4)}

2.2 방향 그래프 Directed Graph

- 연결선이 방향을 표시하는 화살표로 표현되어 방향성을 가지는 그래프. 연결선이 방향성을 가지므로 정점 쌍에 나타난 정점의 순서가 중요하다.
- 방향 그래프에서 정점의 쌍은 크기 부호(< >)를 이용해 $<v_1, v_2>$로 나타내며, $<v_1, v_2>$와 $<v_2, v_1>$은 다른 연결선을 의미한다.

2.3 완전 그래프 Complete Graph

- 모든 정점에 대해 각각의 간선을 갖는 그래프의 형태이다.
- 무방향성 그래프에서 완전 그래프의 조건은 $\frac{n(n-1)}{2}$개의 연결선이 있어야 하고, 방향성 그래프에서 완전 그래프의 조건은 n(n−1)개의 연결선이

있어야 한다.

방향 그래프

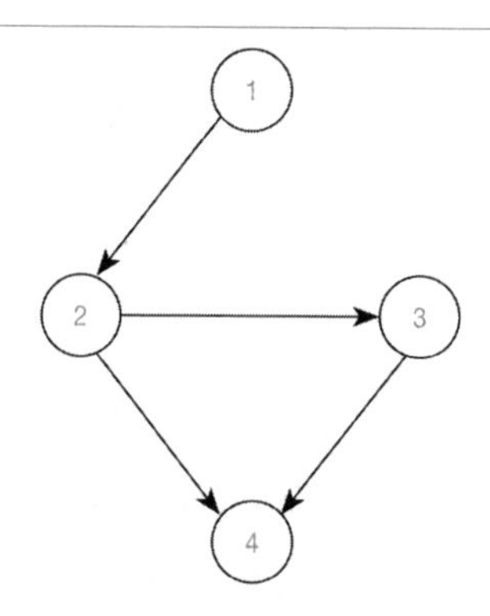

V(G)={1, 2, 3, 4}　　E(G)={< 1, 2 >, < 2, 3 >, < 2, 4 >, < 3, 4 >}

완전 그래프

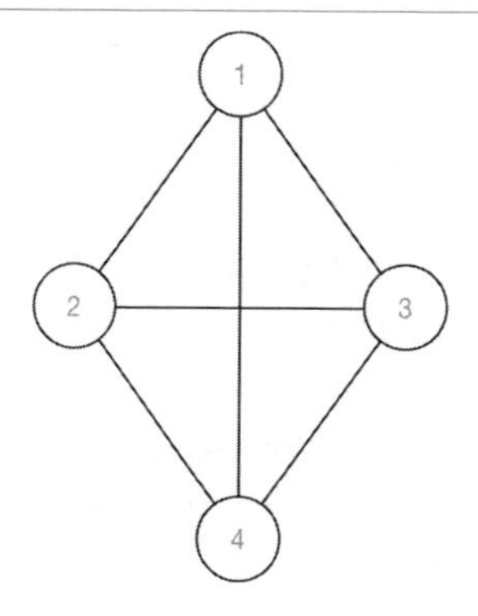

V(G)={1, 2, 3, 4}　　E(G)={(1, 2), (1, 3), (1, 4), (2, 3), (2, 4), (3, 4)}

3 그래프 운행 방법 Graph Traversal

- 그래프를 구성하는 모든 정점들을 체계적으로 방문하는 방법. 그래프 운행 방법은 큐를 이용한 너비 우선 탐색 방법과 스택을 이용한 깊이 우선 탐색 방법이 있다.

3.1 깊이 우선 탐색 방법 DFS: Depth First Search

- 무방향 그래프에서 스택을 이용해 탐색하는 방법.
- 트리의 전위 운행 preorder traversal 을 그래프에 일반화한 것이라고 볼 수 있다.
- 무방향 그래프 G=(V, E)에서 시작 정점 V를 결정해 방문한 후, V에 인접한 정점들 중에서 아직 방문하지 않은 정점을 선택해 방문하는 방법으로 이 방법을 반복적으로 수행한다.

키포인트

무방향 그래프 G에서 DFS의 방문 과정

① 특정 정점을 출발점으로 선택
② 선택된 정점에 "방문" 표시
③ 선택된 정점에 연결된 여러 정점들을 검사
④ 검사한 정점들 중에 아직 방문하지 않은 정점이 있으면 그 정점을 새롭게 선택하고 ②로 돌아가 반복 수행
⑤ 더 이상 방문할 정점이 없으면 DFS는 종료

3.2 너비 우선 탐색 방법 BFS: Breadth First Search

- 무방향 그래프에서 큐를 이용해 탐색하는 방법.
- 무방향 그래프 G=(V, E)에서 시작하며 정점 V를 방문한 후 V에 인접한 아직 방문하지 않은 모든 정점들을 방문한 뒤, 다시 이 정점에 인접하면서 방문하지 않은 모든 정점들에 대해 너비 우선 검색을 반복적으로 수행한다.

키포인트

무방향 그래프 G에서 BFS의 방문 과정

① 특정 정점을 출발점으로 선택

② 선택된 정점에 "방문" 표시

③ 선택된 정점에 연결된 여러 정점들을 검사해 미 방문 정점을 큐에 삽입

④ 큐의 front에서 하나의 정점을 꺼내 새롭게 선택하고 큐가 빌 때까지 ②~④의 과정을 반복

⑤ 더 이상 검색할 정점이 없을 때, BFS는 종료

- 다음의 그래프를 DFS와 BFS로 운행했을 때의 결과이다.
- DFS 운행 결과: 1, 2, 4, 8, 5, 6, 3, 7
- BFS 운행 결과: 1, 2, 3, 4, 5, 6, 7, 8

8개의 정점을 가진 무방향 그래프

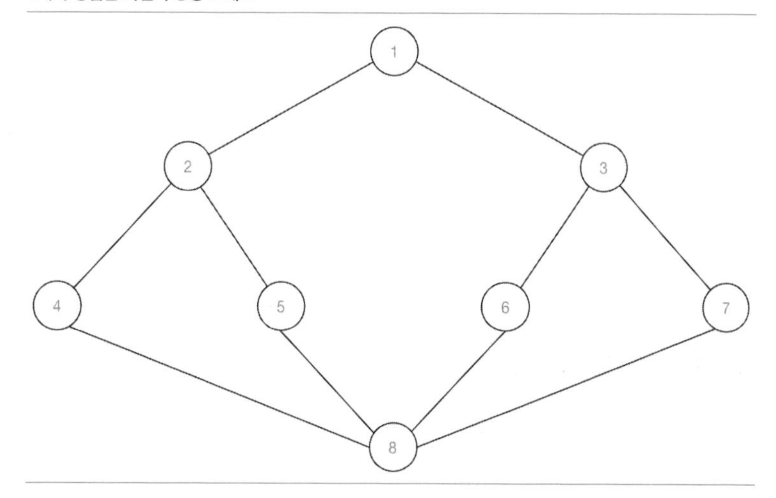

참고자료

김종현. 2008.『실생활 문제로 접근하는 자료 구조와 알고리즘』. 내하출판사.

고건 외. 2008.『정보처리기사 필기: 운영체제』. 영진닷컴.

삼성SDS 기술사회. 2014.『핵심 정보통신기술 총서』. 한울아카데미.

https://ko.wikipedia.org

A-8

힙 Heap

최댓값과 최솟값을 찾기 위해 고안된 완전 이진 트리를 기반으로 한 자료 구조이다.

1 힙의 개요

1.1 힙의 정의 및 특징

- 완전 이진 트리 구조에서 부모 노드와 자식 노드 사이에 대소 관계를 부여하고 해당 데이터 집합에서 최댓값, 최솟값을 편리하게 찾을 수 있도록 구성된 자료 구조이다.

힙의 특징

구분	내용
트리 구조	트리 기반, 그중에서도 완전 이진 트리를 기반으로 구현됨
유일성	모든 노드의 키 값은 전체 데이터 집합에서 유일한 값을 가짐

2 힙의 종류

2.1 최대 힙 Max Heap

- 데이터 집합에서 키 값이 가장 큰 노드를 찾기 위해 구성된 완전 이진 트리 형태이다.
- 루트 노드는 전체 데이터 집합에서 가장 큰max 값을 가지는 노드이다.
- 부모 노드의 키 값 > 자식 노드의 키 값.

2.2 최소 힙 Min Heap

- 데이터 집합에서 키 값이 가장 작은 노드를 찾기 위해 구성된 완전 이진 트리이다.
- 루트 노드는 전체 데이터 집합에서 가장 작은min 값을 가지는 노드이다.
- 부모 노드의 키 값 < 자식 노드의 키 값.

최대 힙

최소 힙

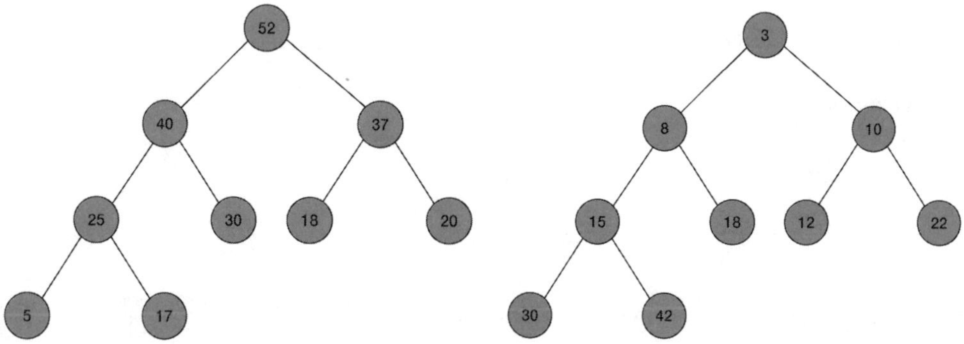

3 힙의 삽입 연산

3.1 자리 바꾸기가 없는 경우(20 삽입)

- 자리 바꾸기가 없는 경우에는 힙의 크기를 확장하고 저장하는 심플한 방법으로 삽입 연산 수행이 가능하다.

힙의 삽입 연산(자리 바꾸기가 없는 경우)

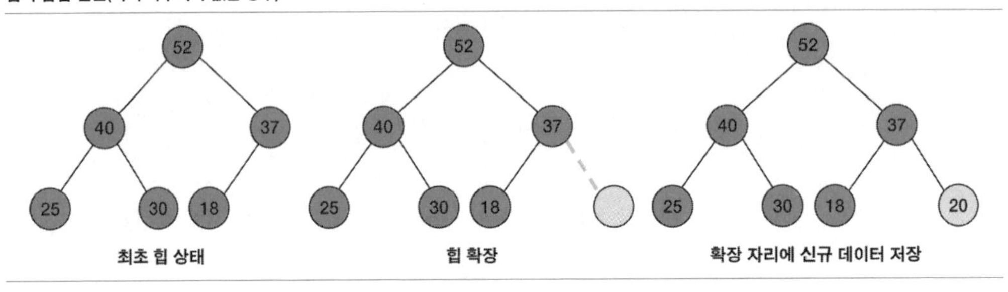

3.2 자리 바꾸기가 있는 경우(70 삽입)

- 부모 노드 < 삽입 노드 상태인 경우 swap 연산 수행.
- 부모 노드 > 삽입 노드 또는 삽입 노드=루트 노드인 경우 자리 확정.

힙의 삽입 연산(자리 바꾸기가 있는 경우)

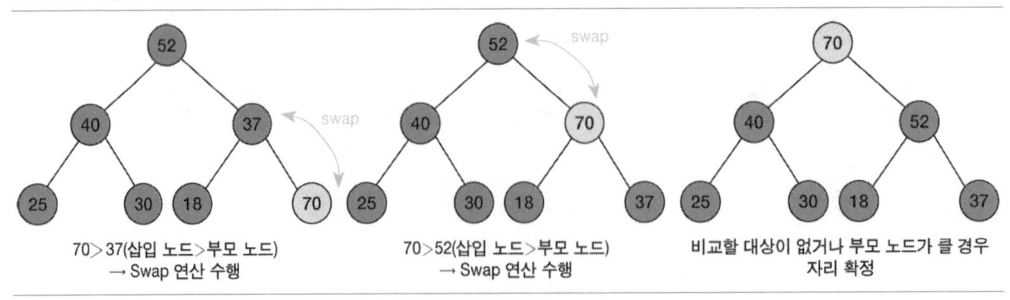

4 힙의 삭제 연산

- 힙에서는 기본적으로 루트 노드의 원소만 삭제가 가능하다.

힙의 삭제 연산

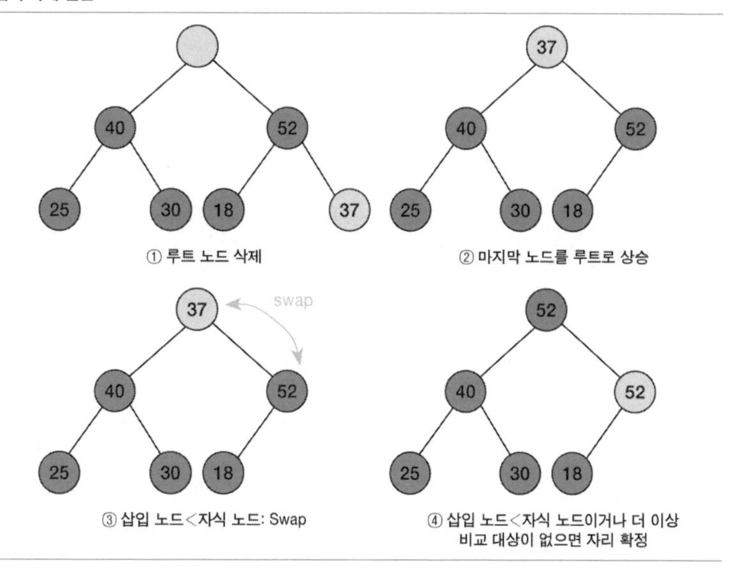

참고자료

김종현. 2008.『실생활 문제로 접근하는 자료 구조와 알고리즘』. 내하출판사.
고건 외. 2008.『정보처리기사 필기: 운영체제』. 영진닷컴.
삼성SDS 기술사회. 2014.『핵심 정보통신기술 총서』. 한울아카데미.
https://ko.wikipedia.org

기출문제

(90회 정보관리 1교시) 10. 자료 구조 힙을 설명하고, 힙의 2가지 유형인 최대 힙과 최소 힙의 차이점을 설명하라.

Algorithm and Statistics

B
알고리즘

B-1

알고리즘 복잡도 Algorithm Complexity

알고리즘은 컴퓨터를 이용해 어떤 문제를 해결하기 위한 절차를 명확히 기술해놓은 것으로 명령어의 집합체라고 할 수 있다. 알고리즘의 복잡도는 작성된 알고리즘의 복잡한 정보를 나타내는 기준이다.

1 알고리즘 Algorithm 의 개요

1.1 알고리즘의 개념

- 컴퓨터를 이용해 어떤 문제를 해결하기 위한 절차를 명확히 기술해놓은 것으로 명령어의 집합체이다.
- 기술 방법과 데이터의 효과적인 처리를 위한 방법을 개발하는 데 중요한 목적이 있다.

1.2 알고리즘의 복잡도

- 알고리즘의 복잡도란 작성된 알고리즘의 복잡한 정도를 나타내는 기준이다.
- 복잡도(=계산복잡도, 시간복잡도)
  - 주어진 문제 해결을 위해 사용된 자료 구조나 특정 알고리즘의 수행 시 사용되는 기본 연산의 빈도수를 차수 degree 로 표현한 것으로 Big O 표

현법을 주로 사용한다.

- 해당 알고리즘의 계산복잡도(Big O)는 프로그램의 실행 시간 및 메모리 사용량과 밀접한 상관관계를 가진다.

- Time estimation: Big O 표현법
  - 어떠한 알고리즘의 Big O라는 것은 알고리즘이 처리할 자료 집합의 크기가 성장함에 따라 알고리즘의 효율이 어떻게 변화하는지를 대략적으로나마 추정하는 하나의 함수이다.
  - 연산 차수가 가장 높은 것을 택해 알고리즘의 계산 차수로 사용한다.
  - 예를 들어 f(n) 함수가 최대 상수 시간 g(n) 내에 끝날 때, 그 알고리즘의 계산 시간이 O(g(n))이라고 말한다(n은 입력 또는 출력 값의 크기, 개수, 양).

2 복잡도 함수

2.1 O(c)

- O(c)에서 c는 상수를 뜻한다. 즉, 상수 함수를 의미한다.
- 상수 함수의 그래프는 항상 수평이다.
- 알고리즘의 수행에 걸리는 시간이 자료 집합의 크기에 상관없이 항상 동일하다는 뜻이다.
- 이런 함수들이 가장 빠른 것으로 간주된다.
- 상수 함수는 자료의 크기와 무관하게 항상 같은 속도로 수행된다.

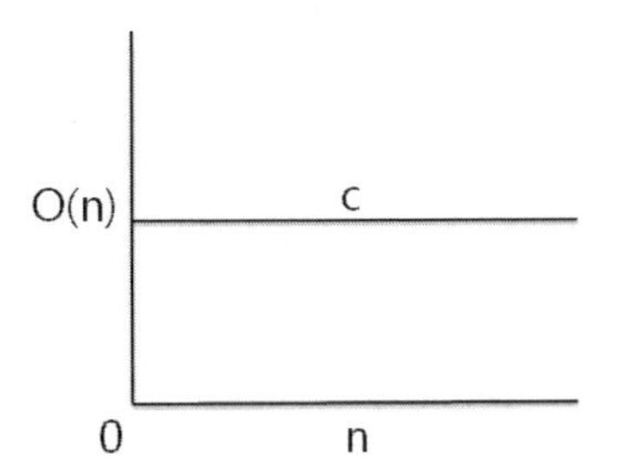

2.2 $O(\log_2 n)$

- 기수가 2인 로그 함수logarithm function, 또는 대수對數 함수이다.
- 대수 함수는 지수指數 함수exponential function에 역임한다.
- 기수 2 로그에서 수직 성분은 자료 집합의 크기가 2배가 될 때마다 1 증가한다(1의 로그는 0, 2의 로그는 1, 4의 로그는 2, 8의 로그는 3).
- 로그 기반 알고리즘은 자료의 크기에 의존적인 알고리즘들 중에서는 가장 효율적인 것으로 간주된다(O(c) 알고리즘은 자료의 크기에 독립적).
- 데이터의 크기에 따라 달라지나, 데이터가 추가될수록 더 효율적으로 수행된다.

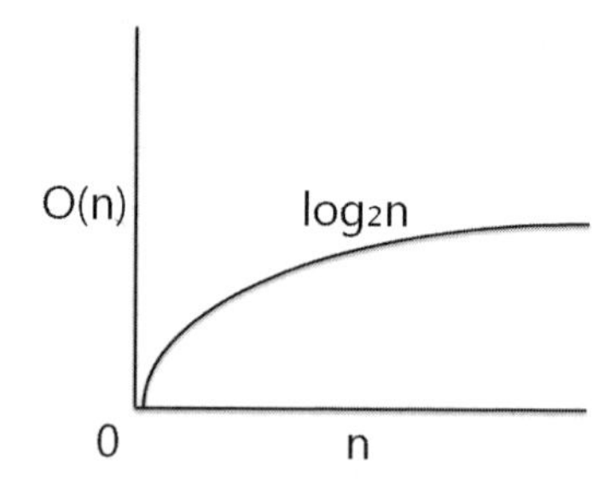

2.3 $O(n)$

- 선형linear 함수.
- 기본적으로 O(n) 함수는 자료의 크기가 증가함에 따라 일정한 비율로 증가한다.
- 선형 함수는 자료의 크기와 직접적인 관계로 변한다. 즉, 자료의 양이 2배로 늘어나면 계산 시간도 2배로 늘어난다.

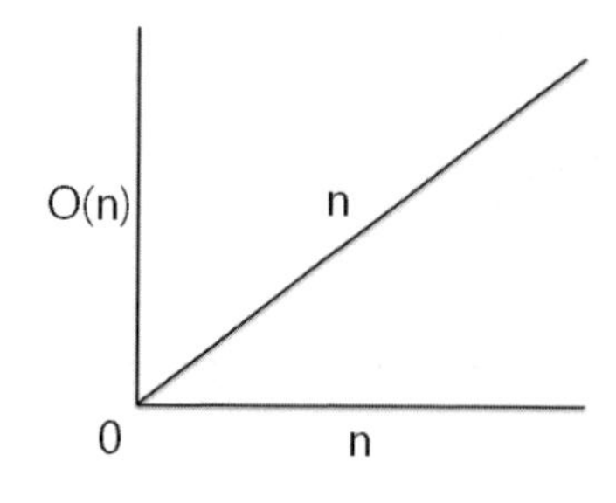

2.4 O($n\log_2 n$)

- 정렬 알고리즘sorting algorithm이 가져야 할 최소한의 복잡도.
- n에 $\log_2 n$을 곱한 것이므로 앞에 나온 모든 함수들보다 비효율적이다.
- 이후에 나오는 복잡한 함수들보다는 효율적이기 때문에 비교적 효율적이라고 간주한다.
- 데이터의 크기에 따라 변하나, 기울기가 완만한 곡선을 가지기 때문에 효율적이다.

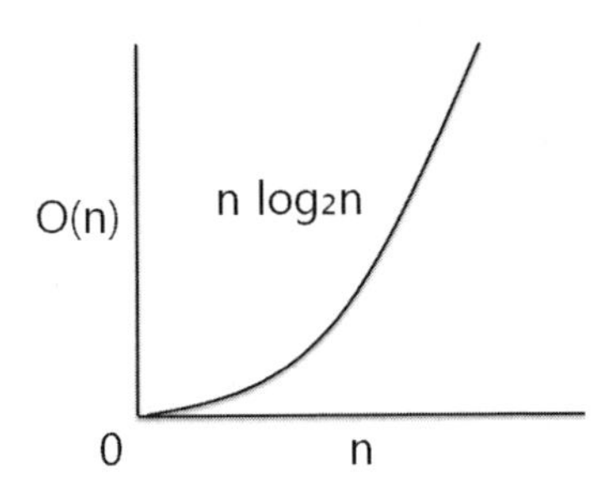

2.5 O(n^2)

- n^2 함수부터는 복잡한 함수라 할 수 있다.
- n^2 함수는 자료가 증가함에 따라 급격히 커지기 때문에 비효율적으로 간주한다.
- 예를 들어 자료가 1000개일 때 20초가 걸린다면 자료가 2배로 늘어 2000개일 때 처리 시간은 80초이다. 자료의 수가 2배 늘어나면 처리 시간은 $4(2^2)$배 늘어난다.
- 어떤 알고리즘이 O(n^2)이라면 다른 알고리즘을 찾는 것이 더 낫다.
- O(n^2)의 전형적인 예: for 루프 안에 다른 for 루프가 내포된 형태.

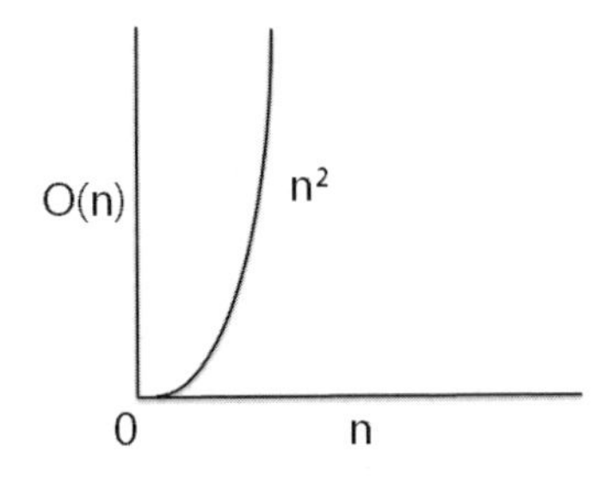

2.6 $O(n^3)$

- n^3 함수는 n^2 함수보다 더 나쁘다.
- $O(n^3)$ 함수와 비슷해 보이나 기울기, 즉 증가율은 더 크다.
- 예를 들어 자료 1000개를 20초에 처리하면 자료 2000개를 처리하는 데는 160초가 걸린다. 즉, 자료의 수가 2배 늘어나면 처리시간은 $8(2^2)$배 늘어난다.

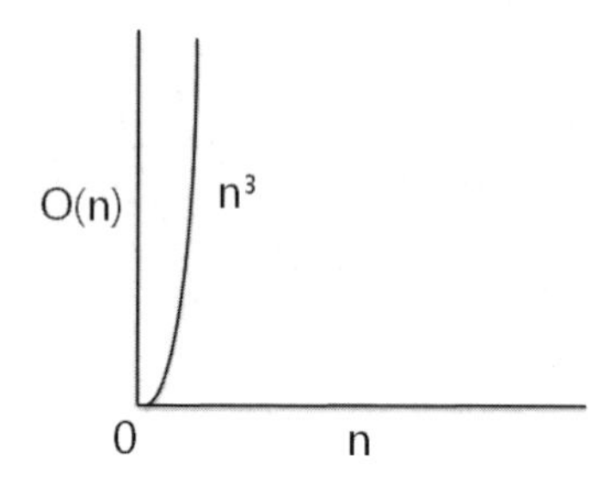

2.7 $O(2^n)$

- 기수 2의 지수 함수.
- 자료의 수가 1 증가할 때마다 함수의 수행 시간은 2배가 된다.
- $O(2^n)$ 알고리즘은 매우 비효율적이다.

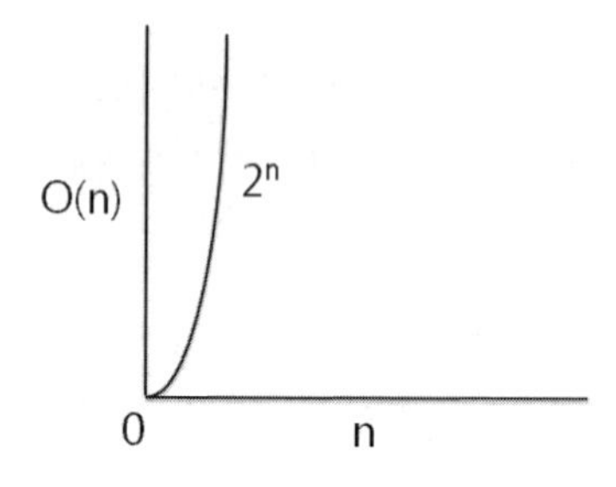

3 복잡도 함수의 비교

3.1 복잡도 함수에 대한 설명

Big O 표현법에 대한 설명

함수	설명
$O(1)$	한 번 만에 처리(가장 빠르지만 구현이 불가능함)
$O(\log_2 n)$	로그 n번 만에 처리(제어 검색)
$O(n)$	n번 만에 처리(선형 검색, 사항 이진 트리 검색)
$O(n \log_2 n)$	n 로그 n번 만에 처리(퀵 정렬, 힙 정렬, two-way 병합 정렬)
$O(n^2)$	n^2번 만에 처리(삽입 정렬, 셀 정렬 등)
$O(2^n)$	2^n번 만에 처리
$O(n!)$	n!번 만에 처리
$O(n^n)$	n^n번 만에 처리

3.2 복잡도 함수의 수행 시간 비교

- Big O 표현 함수들 간의 수행 시간

  $O(1) < O(\log_2 n) < O(n) < O(n\log_2 n) < O(n^2) < O(2^n) < O(n!) < O(n^n)$

- 복잡도 함수들이 알고리즘의 수행 시간에 어떤 영향을 미치는지 보여주는 표이다(알고리즘이 자료 하나를 처리하는 데 1초가 걸린다고 가정한다).

여러 가지 복잡도 알고리즘 간의 수행 시간 비교

복잡도	자료 16개	자료 32개	자료 64개	자료 128개
$O(\log_2 n)$	4초	5초	6초	7초
$O(n)$	16초	32초	64초	128초
$O(n \log_2 n)$	64초	160초	384초	896초
$O(n^2)$	256초	17분	68분	273분
$O(n^3)$	68분	546분	73시간	24일
$O(2^n)$	18시간	136년	5억 년	…

참고자료

론 펜톤(Ron Penton). 2004. 『게임 프로그래머를 위한 자료 구조와 알고리즘(Data Structures for Game Programmers)』. 류광 옮김. 정보문화사.
김종현. 2008. 『실생활 문제로 접근하는 자료 구조와 알고리즘』. 내하출판사.

기출문제

(75회 정보관리 3교시) 정렬 문제의 하한(lower bound)($n \log_2 n$)이라는 것을 증명하라.

B-2

분할 정복 알고리즘

Devide and Conquer Algorithm

주어진 문제의 입력을 분할하고 분할된 입력에 동일한 알고리즘을 재귀 적용해 해를 계산한 후, 이들의 해를 취합해 전체 문제의 해를 얻는 하향식 문제 해결 알고리즘이다.

1 분할 정복 알고리즘의 개요

1.1 분할 정복 알고리즘의 배경

- 1805년 프랑스 황제 나폴레옹이 아우스터리츠 전투에서 시도한 전략에서 유래한다.
- 소규모 병력으로 대규모 병력을 공격해 승리한 전법이다.
- 효율이 좋은 알고리즘 설계 기법으로 가장 널리 사용되고 있다.

1.2 분할 정복 알고리즘의 정의

- 주어진 문제의 입력을 분할해 부분 문제를 재귀적으로 해결하는 방식의 알고리즘이다.
- 분할된 입력에 대해 동일한 알고리즘을 적용해 해를 계산하며, 이들의 해를 취합해 전체 문제의 해를 얻는 하향식top-down 문제 해결 방식의 알고리

즘이다.

1.3 분할 정복 알고리즘의 유형

- 정렬 알고리즘의 병합 정렬 알고리즘merge sort algorithm, 퀵 정렬 알고리즘quick sort algorithm.
- 선택 알고리즘select algorithm, 최근 접점의 쌍 찾기 알고리즘.
- 쉬트라센Strassen의 행렬 곱셈 알고리즘.

2 분할 정복 알고리즘의 상세

2.1 분할 정복 알고리즘의 설계 전략

- 분할devide : 해결할 문제를 여러 개의 작은 부분 문제subproblem로 나눈다.
- 정복conquer : 나눈 작은 부분 문제를 각각 해결, 부분 해를 찾는다.
- 통합combine : (필요시) 부분 문제들의 해를 취합해 보다 큰 문제의 해를 구한다.

분할 정복 알고리즘의 순서도

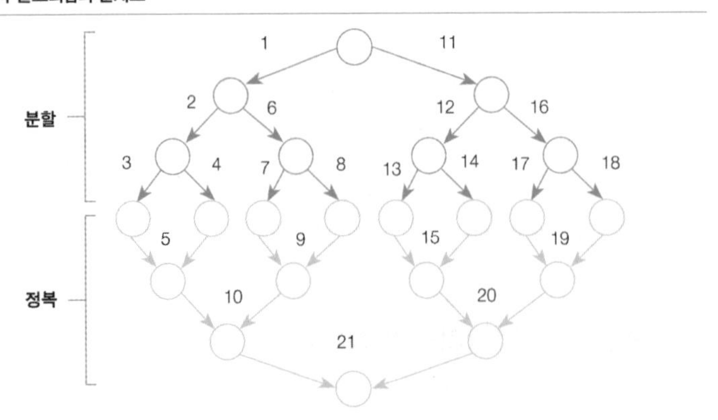

일반적으로 분할 과정 이후 합병에 의한 정복 과정이
후위 순회(Post order traversal) 방식으로 수행된다.

2.2 분할 정복 알고리즘의 예시: 선택 알고리즘

- 문제: N개의 숫자 중에 k번째로 가장 작은 숫자 찾기.
- 해결: 분할 정복 방법을 활용해 정렬하지 않고 해당 데이터를 찾는 방법을 이용한다.
- 선택 알고리즘은 파티션partition과 선택 함수를 활용해 재귀적으로 분할 정복하는 방식의 알고리즘이다.

선택 알고리즘의 개념도

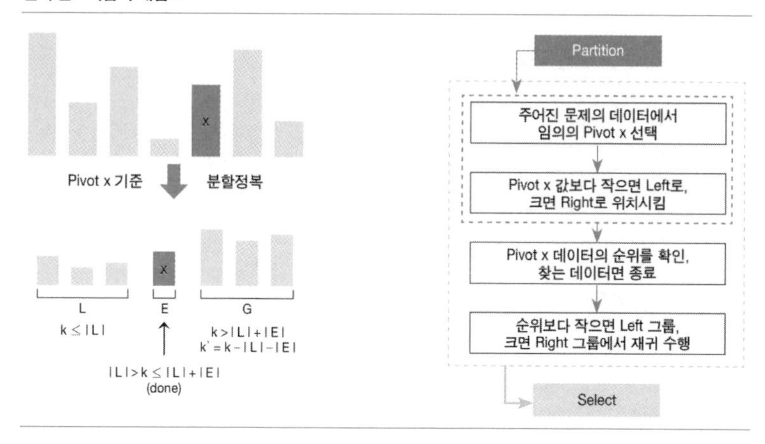

- 문제 예시: {1, 3, 11, 8, 2, 7, 6}에서 5번째 수를 구해라.

문제 풀이 도식화

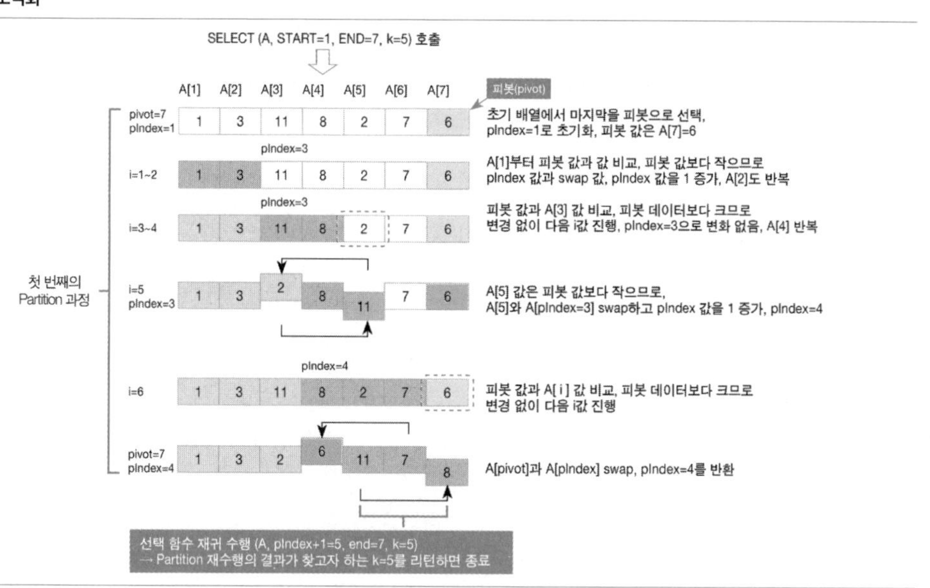

- 선택 알고리즘을 활용한 예시 문제 의사 코드pseudocode

```
Select (A, start, end , k)
    if start < end
        pIndex = PARTITION(A, stalrt, end)
        if (k < pIndex)
            return Select (A, start , pIndex-1, k)
        else if (k==pIndex)
            return A[pIndex]
        else
            return Select (A, pIndex+1, end, k)
    else return A[start]
end func

PARTITION(A, start, end)
    pivot = end
    pIndex = start
        for i = start to end-1
            if A[i] < A[pivot]
                if I swap A[i] with A[pIndex]
                pIndex=pIndex+1
    swap A[pIndex] with A[pivot]
    return pIndex
end func
```

참고자료

양성봉. 2013. 『알기 쉬운 알고리즘』. 생능출판사.

박정호·이화민·정용기·최성희. 2011. 『C 언어로 작성하는 컴퓨터 알고리즘』. 이한출판사.

https://www.codingeek.com/algorithms/quick-sort-algorithm-explanation-implementation-and-complexity/

기출문제

(75회 정보관리) 1-6. 알고리즘 설계 기법에서의 분할 정복법(divide and conquer)을 설명하라.

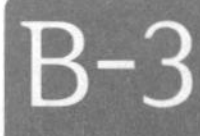

동적 계획법 Dynamic Programming

부분 문제의 해를 찾고 이를 기반으로 상위 부분 문제를 해결해 전체 문제의 해를 찾는 상향식 방식의 최적화 알고리즘이다.

1 동적 계획법의 개요

1.1 동적 계획법의 정의

- 먼저 작은 부분 문제들의 해를 구하고 이를 이용해 보다 큰 크기의 부분 문제들을 해결해 최종적으로 원래 주어진 문제를 해결하는 알고리즘 설계 기법으로 최적화 문제를 해결하는 알고리즘이다.

1.2 동적 계획법의 전제 조건

- 최적 부분 문제 구조: 어떤 문제에 대한 해가 최적일 때 그 해를 구성하는 작은 문제들의 해도 최적이어야 하는 조건을 만족해야 한다.
- 중복 부분 문제 구조: 이전에 계산된 작은 문제의 해가 다른 곳에서 필요하게 되는 조건으로 이미 해결된 작은 문제의 해를 저장 공간에 저장 후 필요시 테이블을 참조함으로써 중복 계산을 방지한다.

1.3 동적 계획법의 유형

- 모든 쌍 최단 경로all pairs shortest paths 문제 해결을 위한 플로이드 워셜Floyd-Warshall 알고리즘, 벨만 포드Bellman-Ford 알고리즘.
- 연속 곱셈 행렬, 배낭 문제, 동전 거스름돈, 최장 공통 부분 수열 알고리즘.

2 동적 계획법의 상세

2.1 동적 계획법의 설계 전략

- 문제를 부분 문제로 분해한다.
- 부분 문제의 최적해 값에 기반해 문제의 최적해 값을 구하는 점화식을 정의한다.
- 가장 작은 부분 문제의 해를 구해서 테이블에 저장memoization, 이를 이용해 점차 상위 부분 문제의 최적해를 계산한다.

2.2 분할 정복과 동적 계획법의 특성 비교

분할 정복	동적 계획법
- 연관 없는 부분 문제로 분할 - 부분 문제를 재귀적으로 해결 - 필요시 부분 문제의 해를 결합 - 각 부분 문제들은 서로 독립적임 - 하향식(top-down) 설계	- 부분 문제들은 더 작은 부분 문제 등을 공유 - 모든 부분 문제를 한 번만 계산 - 결과를 저장해 재사용 - 각 부분 문제들이 독립적이지 않고 연관됨 - 상향식(bottom-up) 설계

분할 정복과 동적 계획법의 특성 비교

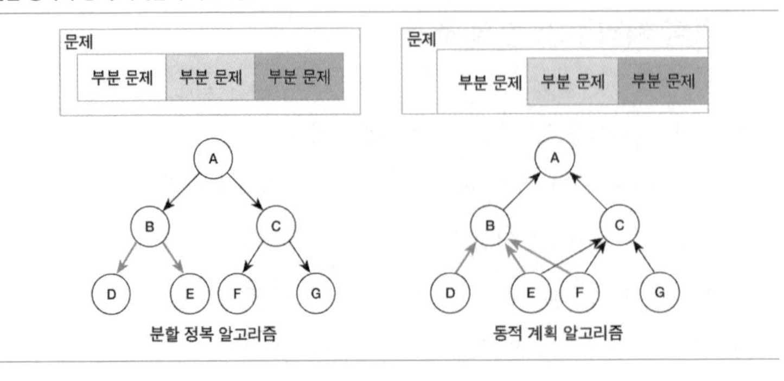

3 피보나치 수열 문제에서의 동적 계획법

3.1 피보나치 수열 문제의 정의

- 피보나치 수열에서 n번째 수를 계산하는 문제이다.
- 피보나치 수열에서 n번째 수는 n–1번째와 n–2번째 수의 합이다.

3.2 재귀 알고리즘 방식

재귀적 점화식

$$f(n)=\begin{cases} n, & n=0,\ n=1 \\ f(n-1)+f(n-2), & n\geq 2 \end{cases}$$

의사 코드

```
f(n) // 피보나치 수열 함수
    if ( n==0 || n ==1) return n
    return Fibo (n-1) + Fibo (n-2)
func end
```

재귀 방식 함수 호출 트리: f(6)

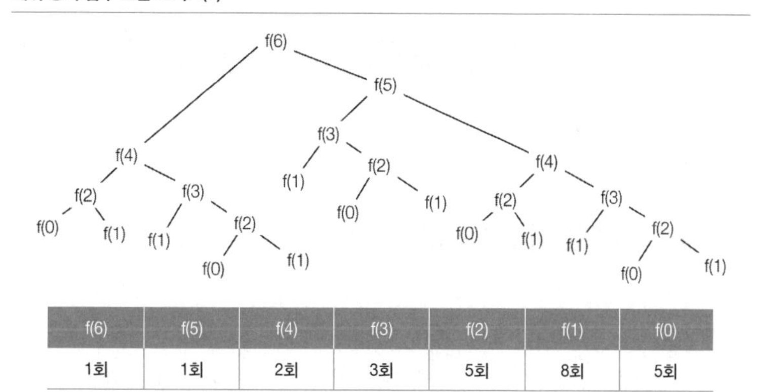

f(6)	f(5)	f(4)	f(3)	f(2)	f(1)	f(0)
1회	1회	2회	3회	5회	8회	5회

- 재귀 호출 구조는 한 번 호출한 내용을 중복해서 호출해 n이 증가할수록 계산량이 폭발적으로 증가한다.

3.3 동적표Dynamic Table를 활용한 재귀 알고리즘 방식

- 중복 호출을 방지하기 위해 동적표에 데이터를 기록해두고 재사용하는 방법으로 메모이제이션memoization이라고 한다.
- 동적표 정의: DT[n]=n번째 피보나치 수.

의사 코드

```
f(n)
    if ( n==0 || n ==1) return  DT[n]= n
    if (DT[n]==0)  DT[n] = f(n-2) + f(n-1)
    return DT[n]
func end
```

동적표 방식 함수 호출 트리: f(6)

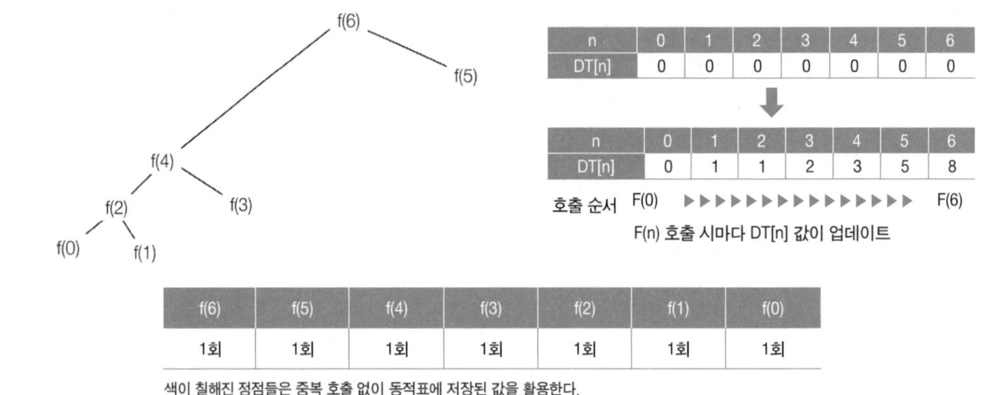

f(6)	f(5)	f(4)	f(3)	f(2)	f(1)	f(0)
1회	1회	1회	1회	1회	1회	1회

색이 칠해진 정점들은 중복 호출 없이 동적표에 저장된 값을 활용한다.

3.4 동적 계획법의 알고리즘 방식

- 피보나치 수 문제에서 부분 문제 간의 의존성(선행관계)을 파악해 부분 문제 그래프를 DAG 그래프로 간주하고 역 위상 정렬해 문제를 해결한다.
- 이전 2개의 부분 문제의 결과만으로 상위 부분 문제를 풀 수 있다.

의사 코드

```
f(n)
    DT[0]=0, DT=[1]
    for (i=2 ; i<=n;i++)
      DT[i] = DT[i-1] + DT[i-2]
    return DT[n]
func end
```

동적 계획법 함수 호출 트리: f(6)

n	0	1	2	3	4	5	6
DT[n]	0	1	1	2	3	5	8

참고자료

양성봉. 2013.『알기 쉬운 알고리즘』. 생능출판사.

한국정보올림피아드. 문제해결을 위한 창의적 알고리즘(고급)(https://www.digitalculture.or.kr/koi/StudyBook.do).

기출문제

(87회 정보관리) 1-13. 알고리즘 설계 기법 중 동적 계획법에 대해 설명하라.

B-4

그리디 알고리즘 Greedy Algorithm

그 순간 가능한 해들 중에서 최적해를 선택하는 근시적 방법으로 전체 문제의 해를 찾는 최적화 알고리즘이다. 그 결과 전체 문제의 해는 전체적인 관점에서 최적해가 아닐 수 있다.

1 그리디 알고리즘의 개요

1.1 그리디 알고리즘의 정의

- 그 순간 가능한 해들 중에서 최적해를 선택하는 전체 문제의 해를 찾는 최적화 알고리즘이다.

1.2 그리디 알고리즘의 특성

- 한 번 선택하면, 선택한 데이터를 버리고 새로운 것을 취하지 않는다.
- 그 순간 가능한 해들 중에 최적해를 지역 최적화 local optimal 라고 하고, 전체 관점에서의 최적해를 전역 최적화 global optimal 라고 한다. 그리디 알고리즘은 지역 최적화를 취함으로써 최종해가 전역 최적화하지 않을 수 있다.
- 항상 전역 최적화를 얻는다는 보장이 없으므로, 해답 여부 확인 절차가 필요하다.

- 알고리즘이 매우 단순하며, 제한적인 소수의 문제들만 해결 가능하다.
- 순서대로 답을 하나씩 모아서 최종 답을 구축한다.

지역 최적화(local optimal)와 전역 최적화(global optimal)

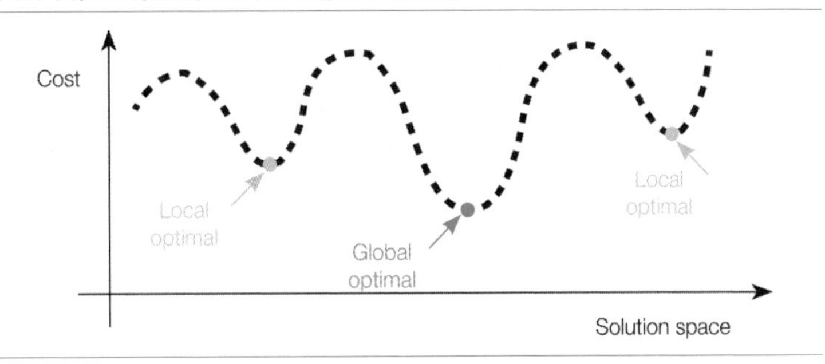

1.3 그리디 알고리즘의 유형

- 최소 신장 트리 알고리즘minimal spanning tree algorithm 중 크루스칼 알고리즘Kruskal algorithm, 프림Prim algorithm 알고리즘.
- 단일 출발점 최단 경로 알고리즘 중 다익스트라 알고리즘Dijkstra algorithm.
- 데이터 압축 알고리즘 중 허프만 코드 알고리즘Huffman code algorithm.

2 그리디 알고리즘의 상세

2.1 그리디 알고리즘의 동작 과정

- 해 선택 select precedure
  - 현 상태에서 부분 문제의 최적해를 구한 뒤, 이를 해집합에 추가한다.
- 실행 가능성 검사 feasiblity check
  - 새로운 해집합이 문제의 제약 조건을 위반하지 않았는지 검사한다.
  - 적정한 답이면 최종 해답 모음에 포함한다.
- 해 검사 solution check
  - 새로운 부분 해집합이 문제의 해가 되는지 확인하고 아직 전체 문제의 해가 완성되지 않았다면 해 선택부터 다시 시작한다.

2.2 그리디 알고리즘 의사 코드

```
// a : input arrary, n : arrary size
algorithm greedy ( a, n ) {
  do {
  for ( i = 0; i < n; i++ ) {
    x = select ( a ); //  해 선택
    if ( feasible ( solution, x ) )  // 실행 가능성 검사
      solution = solution + x;  // 적정한 답이면 최종 해답 모음에 더함.
  }
  } while ( !check ( solution ) );  // 해 검사
  return ( solution );
}
```

2.3 최소 거스름돈Coin Change 그리디 알고리즘의 예시

- 단위가 큰 동전만으로 거스름돈을 만들면 동전의 개수가 감소하므로 현재 선택할 수 있는 가장 단위가 큰 동전을 선택한다.
- 거스름돈 총액을 초과하는지 검사해 초과하는 경우 앞 단계로 돌아가 한 단계 작은 동전을 선택한다.
- 필요한 거스름돈 총액과 해가 일치하는지 검사형 액수가 모자라면 첫 단계로 돌아간다.
- 그리디 알고리즘으로 최적의 답을 구하는 경우
  - 거스름돈 200원을 동전 100원, 50원, 10원으로 최소 동전 수를 계산하는 경우, 먼저 가장 큰 동전 100원 2개를 선택, 최종 거스름돈 동전 수 2개를 리턴하고, 계산을 종료한다.
  - 이 경우, 그리디 알고리즘으로 최적의 답을 찾는 경우이다.
- 그리디 알고리즘으로 최적의 답을 구하지 못하는 경우
  - 거스름돈 300원을 각 동전의 개수는 무한대인 동전 160원, 100원, 50원, 10원으로 최소 동전 수 계산하는 경우, 먼저 가장 큰 금액의 동전 160원 1개를 선택, 그다음 큰 동전 100원 1개를 선택, 그다음 큰 50원 1개를 선택 시 금액이 초과되므로, 선택하지 않고 통과한다. 그다음 마지막 최소 동전인 10원 4개를 선택, 총 거스름돈 300원을 만족하므로, 거스름돈 동전 수 총 6개의 동전 수를 리턴하고, 계산을 종료한다.
  - 300원에 대한 최소 동전 수는 100원 동전 3개이므로 이 경우는 최소 거

스름돈 알고리즘을 그리디 알고리즘으로 해결 시 항상 최적의 답을 주지 못하는 경우이다.

- 그리디 알고리즘과 달리 동적 계획 알고리즘은 항상 최적의 답을 구할 수 있다.

최소 거스름돈 그리디 알고리즘의 순서도

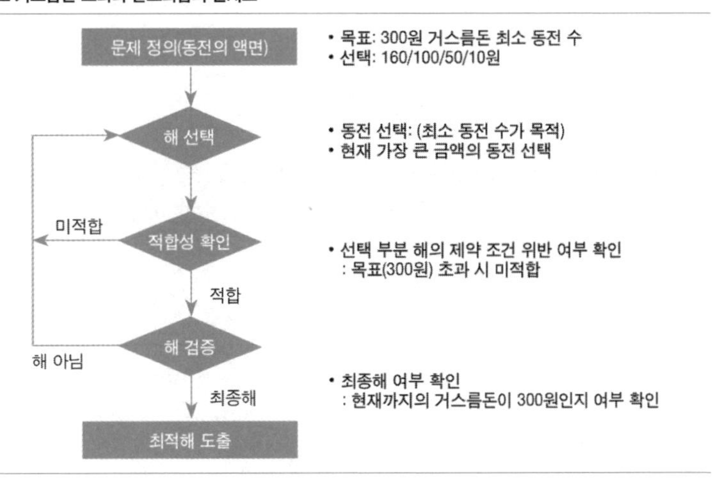

참고자료

양성봉. 2013.『알기 쉬운 알고리즘』. 생능출판사.
https://ko.wikipedia.org
https://www.cis.upenn.edu/~matuszek/cit594-2015/index.html

기출문제

(108회 정보관리) 3-1. 그리디 알고리즘에 대해 다음 질문에 답하라.

가. 지폐 1000원을 받고 동전으로 770원을 돌려줄 때 최소 동전 수를 찾는 그리디 알고리즘을 설명하라(단, 동전의 액면은 500원, 100원, 50원, 10원임).

나. 위 알고리즘을 C 언어 또는 JAVA 언어로 구현하라.

(83회 정보관리) 4-3. 컴퓨터 알고리즘 중 그리디 방법(greedy method)에 관해 물음에 답하라.

1) 그리디 방법의 특징과 해를 구하는 프로세스 절차에 관해서 설명하라.

2) knapsack problem에서 n=3(objects 수), m=20(knapsack capacity), 그리고 (p1, p2, p3)=(25, 24, 15), (w1, w2, w3)=(18, 15, 10)일 때 물음에 답하라. 단, p1, p2, p3은 profit이고, w1, w2, w3은 weight이다.

① 4개의 feasible solution을 나타내라.

② 최적해가 어떤 것인지 설명하라.

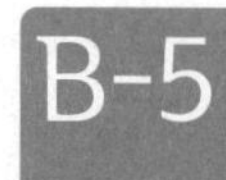

백트래킹 Backtracking

주어진 제약 조건을 만족하는 해답 후보 중 가능성이 보이지 않을 경우 탐색을 중단해 탐색 공간을 줄이는 기법(purned state space tree)의 탐색 알고리즘이다.

1 백트래킹의 개요

1.1 백트래킹의 정의

- 주어진 제약 조건을 만족하는 계산 문제에 대한 모든 해답 후보를 점차 키우면서 만들어나가는 알고리즘 기법으로 각 부분 해답 후보가 답으로 될 가능성이 보이지 않으면 그 부분 해당 후보에 대한 탐색을 즉시 중단해 탐색 공간을 줄이는 기법이다.

1.2 백트래킹과 깊이 우선 탐색DFS의 차이

- 백트래킹은 어떤 노드에서 출발하는 경로가 해결책으로 이어질 것 같지 않으면(적합하지 않으면, "non-promising"), 더 이상 그 경로를 따라가지 않음으로써(그 가지의 부모 가지로 돌아가서, "backtrack") 시도 횟수를 줄이는 가지치기prunning를 수행한다.

- 해결책으로 이어질 것 같은 유망한 가지에 대해서만 그 가지의 자식 가지를 검색한다.
- DFS가 모든 경로를 추적하는 데 비해 백트래킹은 불필요한 경로를 조기에 탐색 차단한다.

2 백트래킹의 절차

2.1 N-Queen 퍼즐 백트래킹의 도식화

- N-Queen 퍼즐은 N×N 크기의 체스판에 N개의 퀸을, 서로 공격할 수 없도록 올려놓는 퍼즐이다.
- 퀸은 체스에서 가장 강력한 기물로, 자신의 위치에서 상하좌우, 그리고 대각선 방향으로 이어진 직선 상의 어떤 기물도 공격 가능하다.
- 4×4 크기의 체스판에 4개의 퀸을 서로 공격할 수 없도록 올려놓은 예.

N-Queen 퍼즐 백트래킹의 도식화

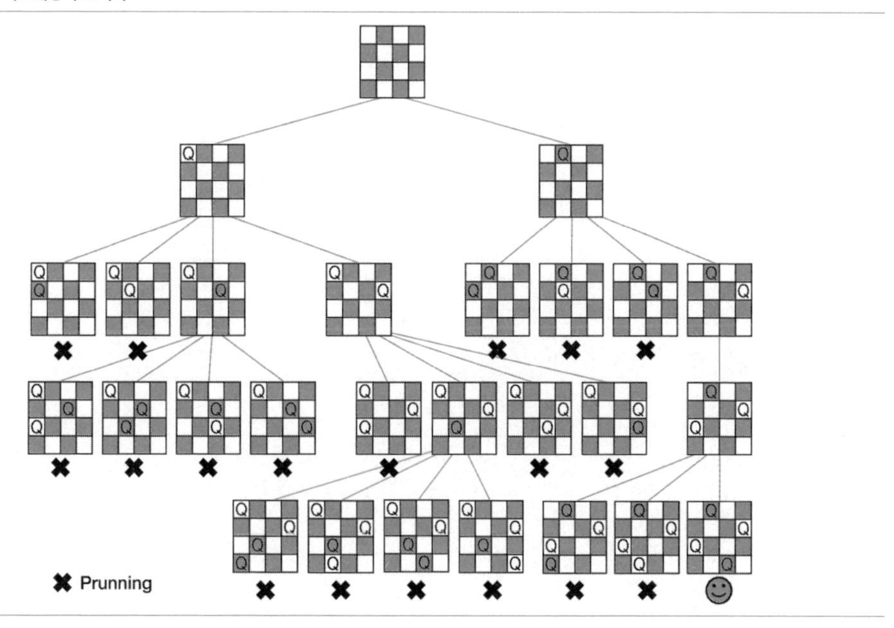

- × 표시된 가지는 non-promising하므로 그 자식은 더 이상 탐색하지 않는다prunning.
- 모든 경우의 수, 4!=4×4×4×4=256 중에서 27의 경우만 탐색해 해를 구한다.

2.2 백트래킹의 절차 설명

단계	설명
1	상태 공간 트리의 DFS를 실시함
2	각 가지가 유망한지 점검함
3	만일 그 가지가 유망하지 않으면, 그 가지의 부모 가지로 돌아가서 검색을 계속함

3 백트래킹의 의사 코드

```
checknode(node v) do {
  if promise(v)  ---- 해가 될 수 있는 적합한 가지이면,
    if there is a solution at v  ----- v가 찾는 해이면, v노드를 리턴하고 종료
        write the solution
  else
        for each child u of v  ----- v의 자식 노드를 탐색
            checknode(u)
}
```

참고자료

리처드 E. 나폴리탄(Richard E. Neapolitan). 2017. 『알고리즘 기초』. 도경구 옮김. 홍릉과학출판사.
http://cs.sungshin.ac.kr/~dkim

B-6

최단 경로 알고리즘

Shortest Paths Algorithm

두 정점을 연결하는 그래프 경로 중에서 간선의 가중치 총합이 가장 작은 경로를 구하는 알고리즘이다. 무방향 그래프와 유방향 그래프에 대한 단일 시작점의 최단 경로를 구하는 경우와 모든 쌍의 최단 경로를 구하는 경우의 최단 경로 알고리즘이 있다.

1 최단 경로 알고리즘의 개요

1.1 최단 경로 알고리즘의 정의

- 두 정점을 연결하는 그래프 상의 경로 중에서 간선의 가중치 총합이 가장 작은 경로를 구하는 알고리즘이다(간선 가중치는 0 이상의 정수, 실수).

1.2 최단 경로 알고리즘의 종류

- 단일 시작점 최단 경로 알고리즘single-source shortest path algorithm
  - 출발 지점을 하나 고정해 두 정점 간 최단 경로를 구하는 문제이다.
  - 무방향 그래프 알고리즘undirected graph algorithm으로는 다익스트라 알고리즘Dijkstra algorithm, 음의 가중치를 허용하는 벨만 포드 알고리즘Bellman-Ford algorithm, 유방향 그래프 알고리즘directed graph algorithm으로는 위상 정렬topological sorting이 있다.

- 모든 쌍 최단 경로 알고리즘all-pairs shortest paths
  - 모든 정점을 출발점으로 해서, 각 출발점과 그 외 모든 정점 간의 최단 경로를 구하는 알고리즘.
  - 무방향 그래프와 유방향 그래프 모두 적용이 가능한 플로이드 워샬 알고리즘Floyd-Warshall algorithm이 있다.

최단 경로 알고리즘의 종류

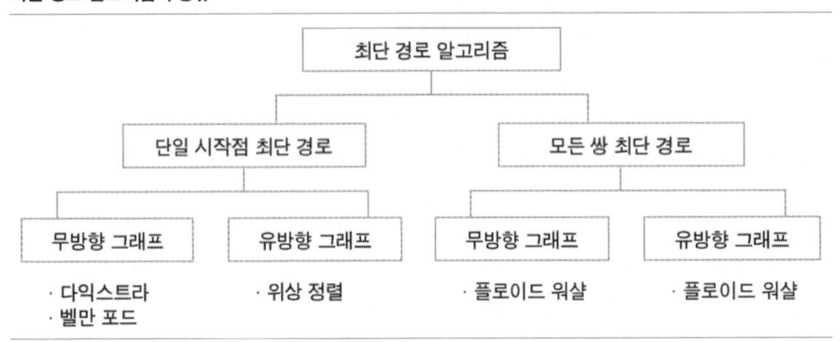

2 다익스트라 알고리즘 Dijkstra Algorithm

2.1 다익스트라 알고리즘의 정의

- 단일 출발점과 도착점 간의 최단 경로를 찾는 알고리즘으로 가장 짧은 거리의 방문하지 않은 꼭짓점을 선택하고 방문하지 않은 각 인접 노드와의 거리를 계산한다. 계산의 결과 값이 기존의 값보다 작을 경우 인접 거리를 업데이트하는 방식(간선 경감, edge relaxation)을 통해 최단 경로를 찾는다.

2.2 다익스트라 알고리즘의 특징

- 간선 경감(초기 거리 값을 부여하고, 단계를 거듭하며 초기 값을 더 작은 값으로 업데이트해 개선하는 것)을 통해 다음 검색할 노드를 선택, 검색 횟수를 줄인다.
- 양의 가중치의 경우만 사용이 가능하다.

2.3 다익스트라 알고리즘의 복잡도

- 최소 우선순위 큐min priority queue를 사용하지 않을 경우 $O(V^2)$(V는 꼭짓점의 개수)이다.
- 최소 우선순위 큐를 사용할 경우, O(E+VlogV)(E는 변의 개수)이다.

2.4 다익스트라 알고리즘의 의사 코드

```
void dijkstra(s) {  // s : 시작점
    queue = new PriorityQueue<Vertex>();  // dist값을 키로 사용해 최소 우선순위 대기열 큐를 유지 관리
    for (each vertex v) {
      v.dist = infinity;  // can use Integer.MAX_VALUE or Double.POSITIVE_INFINITY
      queue.enqueue(v);
      v.pred = null;
    }
    s.dist = 0;

    while (!queue.isEmpty()) {
      u = queue.extractMin();  // dist가 최소인 정점 추출
      for (each vertex v adjacent to u)
        relax(u, v);
    }
}

void relax(u, v) {  // edge-relaxation
    if (u.dist + w(u,v) < v.dist) {
      v.dist = u.dist + w(u,v);
      v.pred = u;
    }
}
```

2.5 다익스트라 알고리즘의 도식화

다익스트라 알고리즘의 도식화 (s 시작점 → x 종착점)

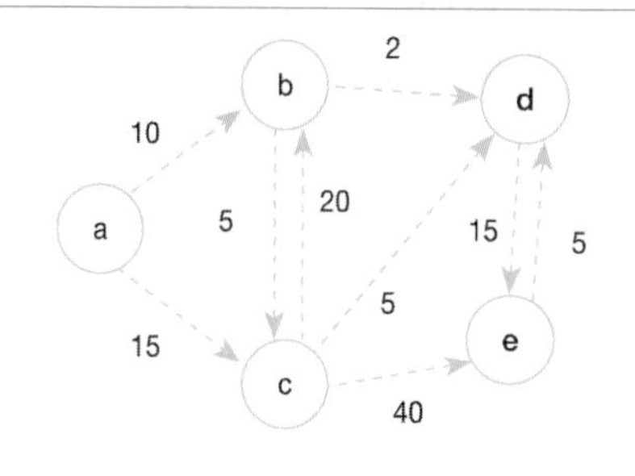

출발점 A

정점 v	a	b	c	d	e
v.dist	0	∞	∞	∞	∞
Q	✓	✓	✓	✓	✓

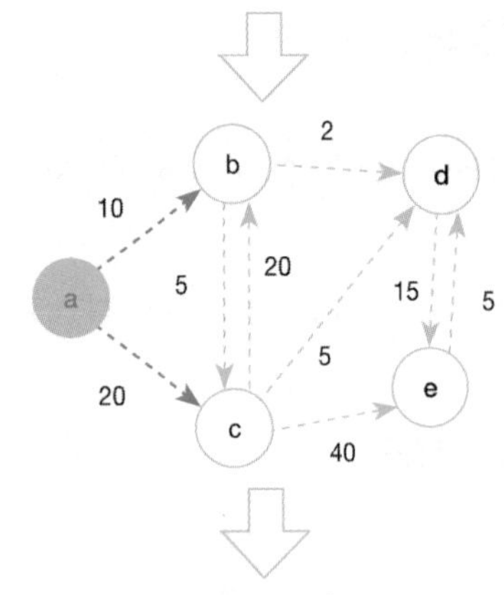

정점 v	a	b	c	d	e
v.dist	0	10	20	∞	∞
Q		✓	✓	✓	✓

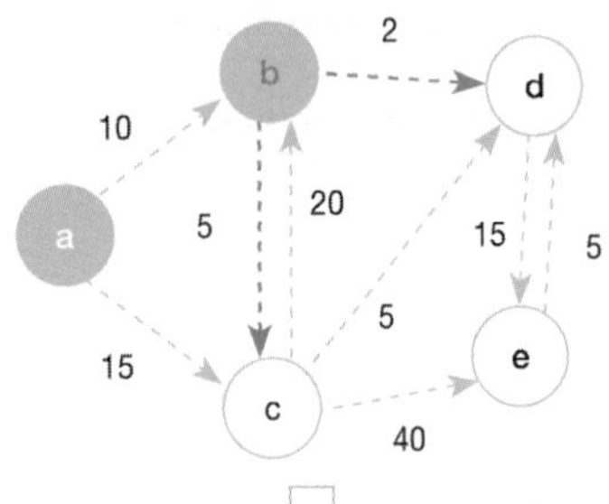

정점 v	a	b	c	d	e
v.dist	0	10	15	12	∞
Q			✓	✓	✓

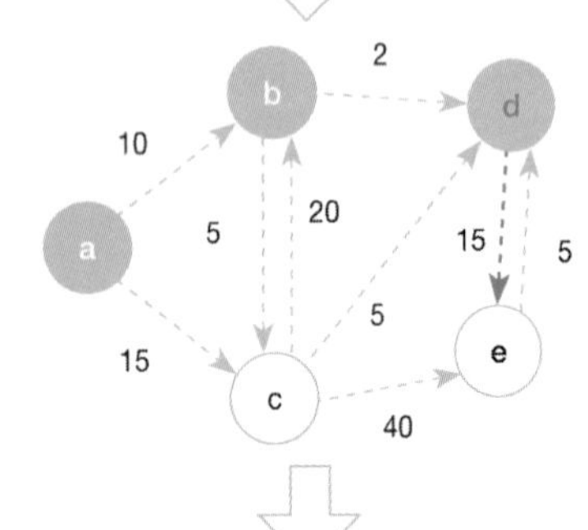

정점 v	a	b	c	d	e
v.dist	0	10	15	12	27
Q			✓		✓

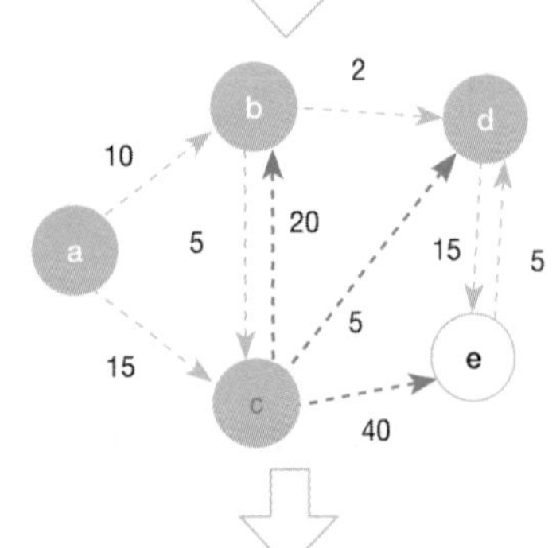

정점 v	a	b	c	d	e
v.dist	0	10	15	12	27
Q					✓

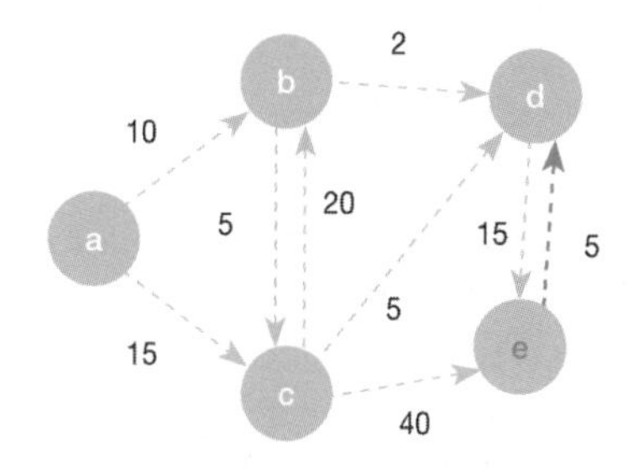

정점 v	a	b	c	d	e
v.dist	0	10	15	12	27
Q					

- Q empty → 알고리즘 종료
- v.dist는 a와의 최단 경로
- a → e 최단 경로 = e.dist = 27

3 벨만 포드 알고리즘 Bellman-Ford Algorithm

3.1 벨만 포드 알고리즘의 정의

- 음의 가중치를 가진 그래프에서 최단 경로를 구하는 알고리즘이다.

3.2 벨만 포드 알고리즘의 특징

- 음수인 경우의 최단 경로 문제 해결이 가능하다.
- 그래프 내 엣지에 대해서 모든 노드 (|V|-1)번 간선 경감을 수행한다.
- 알고리즘 복잡도 O(VE), V와 E가 각각 그래프에서 꼭짓점과 변의 개수이다.

3.3 벨만 포드 알고리즘의 의사 코드

```
// V: 정점 집합, E: 간선 집합, edge(u,v): u 와 v의 간선
// d[1...V]: 시작점과의 정점 v 간의 거리
// w(u,v): 정점 u, v의 간선 가중치

INITIATIZEE () do {
d[s]= 0 ;  시작점 거리 초기화
for each v of V
    d[v] = infinity;  // 무한대값 저장
}

BellmanFord () do {
    for each edge (u, v) of E
```

```
        relax (u,v)

    for each edge (u, v) of E
        if (d[v] > d[u] + w(u,v) )
          then report that a negative-weight cycle exists
          // 현 알고리즘으로 답을 찾지 못했다는 의미: 알고리즘 false
}
```

- 다익스트라 알고리즘은 노드 간 최단 거리가 탐색될 때만 간선 경감을 수행하지만, 벨만 포드 알고리즘은 모든 엣지에 대해서 노드 수만큼 간선 경감을 반복 수행한다.
- 모든 엣지 간의 간선 경감을 수행해 negative cycle이 발생하면 최적 경로 해를 구할 수 없음의 의미로 false 반환한다.

4 위상 정렬 알고리즘 Topological Sorting Algorithm

4.1 위상 정렬 알고리즘의 정의

- 유향 가중 그래프에서 출발점과 도착점의 각 간선의 방향을 위배하지 않도록 검색해 최단 경로를 탐색하는 알고리즘이다.

4.2 위상 정렬 알고리즘의 특징

- 선후 관계가 정의된 그래프 구조에서 선후 관계에 따라 정렬 시 이용한다.
- 비순환 그래프DAG: directed acyclic graph이어야 한다. 사이클이 없다.
- 복수의 위상 순서가 존재할 수 있다.

위상 정렬 알고리즘의 특징 (1)

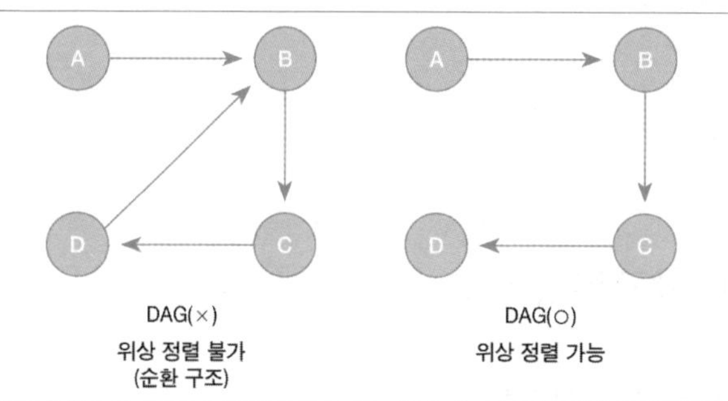

DAG(×)
위상 정렬 불가
(순환 구조)

DAG(○)
위상 정렬 가능

위상 정렬 알고리즘의 특징 (2)

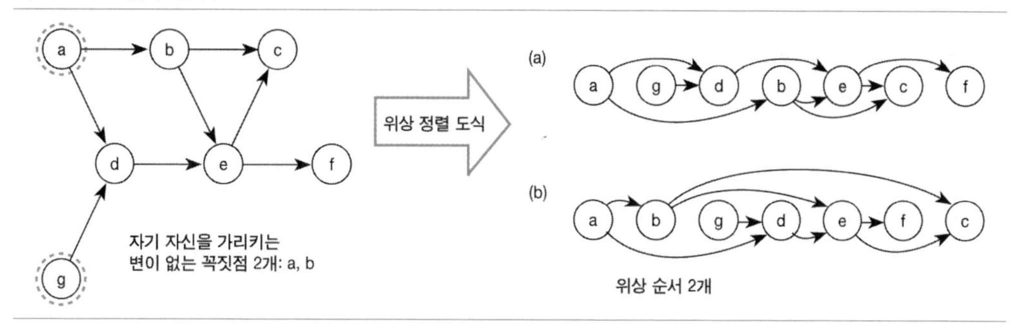

4.3 위상 정렬 알고리즘의 의사 코드

```
// DFS를 활용한 위상 정렬
// G: 그래프, V: 정점 집합, E: 간선 집합, S: 위상정렬 결과 저장 스택
// visit[1...V]: 방문정보저장, indegree(v): 진입 차수
// Adj[v]: 정점 v의 인접 정점들 집합

INITIATIZEE () do {
v[1...V]= false ;
for each e of E  // e의 정보를 입력 받아서,
    indegree(v) 간선 e의 정보를 통해 각 노드 v 진입 차수를 조사한다
}

TOPOLOGICAL_SORT() do{
    for each v of V
        if indegree(v) == 0
            iDFS(S, v)

  //이 시점에 배열 Stack S에는 정점들을 위상정렬 되어 있다
}

DFS(S, v) do {
    visit[v] = true ;
    for each u of adj[v]
```

```
        if visit[u] = false
            DFS(u)
    S.push(v)
}
```

5 플로이드 워샬 알고리즘 Floyd-Warshall Algorithm

5.1 플로이드 워샬 알고리즘의 정의

- 모든 쌍의 정점 간 최단 경로를 찾는 알고리즘이다.
- 경유 지점을 지정하고 출발점과 도착점을 지정했을 때, 최솟값이 발생 시 업데이트한다.

플로이드 워샬 알고리즘의 도식화

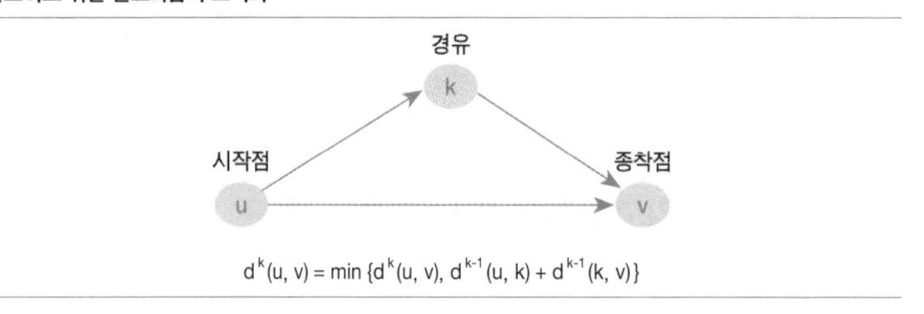

5.2 플로이드 워샬 알고리즘의 특징

- 간선의 가중치가 음이거나, 양인 가중 그래프 가능.
- 알고리즘 복잡도: $O(N^3)$.

5.3 플로이드 워샬 알고리즘의 의사 코드

```
// E: 간선, w(u, v): u와 v의 간선 간의 가중치, V: 노드
// d(u, v): 간선 u와 v의 거리


INITIATIZE () do {
    for each u of V
        for each v of V
            d (u, v) = w(u, v)  // input 받은 u, v 간의 가중치를 d(u, v) 값으로 초기화 한다.
}
```

```
FloydWarshall (G)
{
    for each k of V  // k는 중간 정점
        for each u of V
            for each v of V
                if ( d(u, v) > d(u, k) + d(k, v) )
                    d(u, v) = d(u, k) + d(k, v)

// 모든 쌍 u와 v 간 의 최단 거리가 d(u, v) 조사 완료됨
}
```

참고자료

문병로. 2013. 『쉽게 배우는 알고리즘』. 한빛아카데미.

https://en.wikipedia.org

https://ko.wikipedia.org

기출문제

(72회 컴퓨터 응용) 그래프의 모든 정점을 방문하는 2가지 방법을 설명하고 이 중에 최단 거리를 찾는 경우 어느 방법이 적합한지 설명하라.

(84회 정보관리) 3.5. 다음 그래프에 다익스트라가 제안한 최소 비용(least-cost) 경로 설정 알고리즘이 적용되는 과정을 제시하라(그래프의 에지 옆 숫자는 비용을 의미함).

[그림 기출]

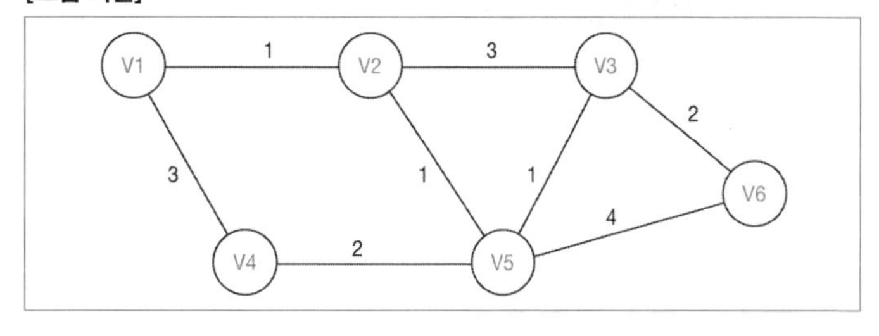

B-7

최소 신장 트리 Minimum Spanning Tree

그래프의 모든 정점을 포함하며 사이클 없이 연결된 신장 트리 중 정점 간의 가중치의 합이 최소인 신장 트리이다.

1 최소 신장 트리의 개요

1.1 최소 신장 트리의 정의

- 정점 간 가중치의 총합이 가장 작은 신장 트리이다.
- 신장 트리는 모든 정점을 포함하면서 사이클이 없는 트리이다.

1.2 최소 신장 트리의 특징

- 비순환적이며, 비방향성 그래프이다.
- N개의 정점일 경우, 간선은 N-1개인 트리 구조이다.
- 그래프 내에 최소 신장 트리는 다수 존재 가능하다.

최소 신장 트리의 도식화

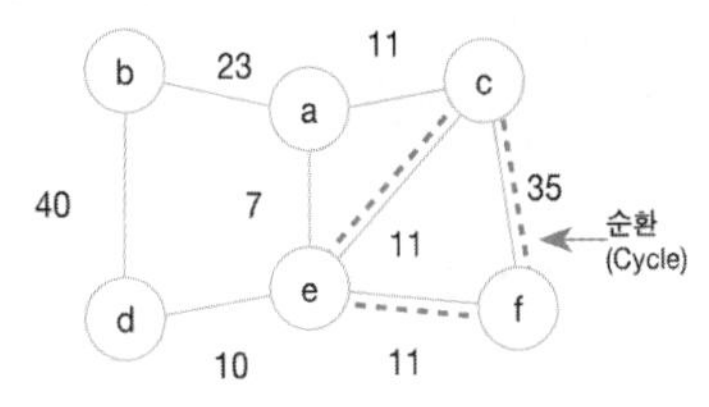

가중치 그래프(Weighted graph)

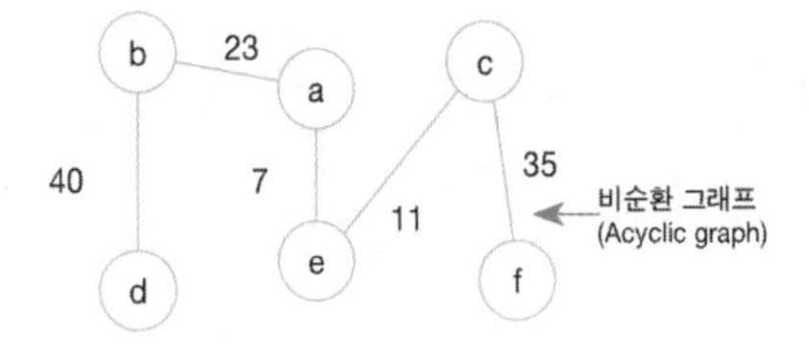

신장 트리(Spaning tree)
weight=116

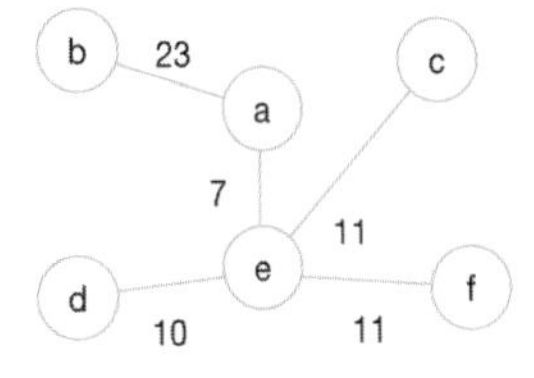

최소 신장 트리(Minimum spaning tree)
Weight=62

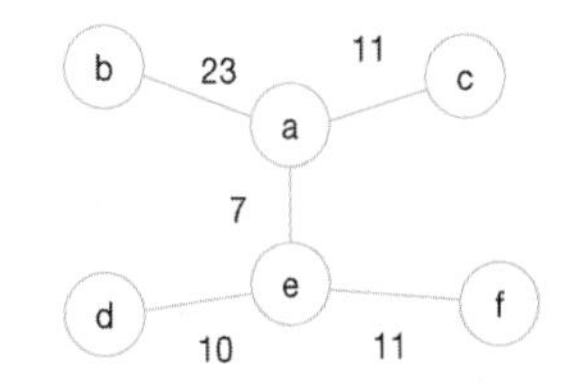

최소 신장 트리(Minimum spaning tree)
Weight=62

2 프림 알고리즘 Prim's Algorithm

2.1 프림 알고리즘의 정의

- 선택된 임의의 정점과 연결된 가장 최소 가중치의 간선의 정점을 선택해 트리를 구성하고, 연결된 정점 또한 이러한 방법으로 최소 가중치의 간선의 정점과 연결을 반복함으로써 최소 신장 트리를 찾는 알고리즘이다.

2.2 프림 알고리즘의 특징

- 그리디 알고리즘 방식이다.
- 싱글 트리를 활용해 최소 신장 트리를 찾아나간다.
- 다익스트라와 비슷하나 우선순위 큐가 값에 의해 결정된다.
- 복잡도=O((V+E)logV), V 정점의 개수, E 간선의 개수.

2.3 프림 알고리즘의 절차

단계	설명
1	그래프 G에서 임의의 정점 r을 선택, 신규 트리 S={r} , 가중치 w=0 , root=r로 초기화함
2	트리 S에 속한 노드와 S에 속하지 않은 G 노드 간 간선 중 가장 가중치가 작은 간선을 찾음
3	해당 노드를 S에 포함시키고, 가중치 w에 해당 간선의 값을 더함
4	연결되지 않은 노드가 없으면 종료하고, 그렇지 않으면 단계 2로 돌아가 반복 수행함

2.4 프림 알고리즘의 의사 코드

```
// adj[v]: v와 연결된 간선 집합, w[u, v]: u와 v 간의 간선비용 입력값
// V: 정점 집합, visited[v]: 스패닝 트리 S에 포함 여부
// Q: 우선순위 큐 - 데이터 구조 structure( v, pred[v], key[v] )
// v: 신장트리 S에 속하지 않은 정점 V의 정점
// pred[v]: v 정점과 연결된 신장트리 S에 있는 정점
// key[v]: 신장트리 S의 어느 정점 중에 v 정점과 가장 최소인 간선의 가중치
Prim(G,w,r) do {  // r 시작점, root
for each u of V {  // 초기화
    key[u] = infinity
    visited[u] = false
}
key[r] =0
Q = new Priority_Queue(V)  // Q에 시작노드 입력
while (Q is not empty) {
    u = Q.extractMin()  // 최소 간선 추출
    for each vertex v of adj[u] {
      if ((visited[v] == false ) && (w[u,v] < key[v])) { // 새로운 최소 간선
          key [v] = w[u,v]
          Q.DecreseKey(v, key[v])  // Q,에 정정된 v 정점의 최소화된 key[v]를 입력함
          pred[v] = u
        }
    visited[u] = true
}
```

2.5 프림 알고리즘의 절차 도식화(예시)

프림 알고리즘의 절차 도식화

임의의 한 정점 선택

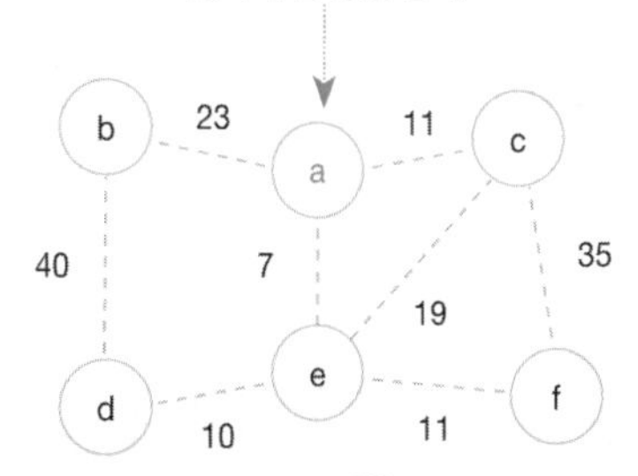

S={ }, A={ }, W=0, V={a, b, c, d, e, f}

정점(v)	a	b	c	d	e	f
key[v]	0	∞	∞	∞	∞	∞
pred[v]	nil	nil	nil	nil	nil	nil
Visited[v]	0	0	0	0	0	0
Q	✓	✓	✓	✓	✓	✓

Q는 key[v] 값을 기준으로 한 min priority queue

key[v] 최소 정점 선택

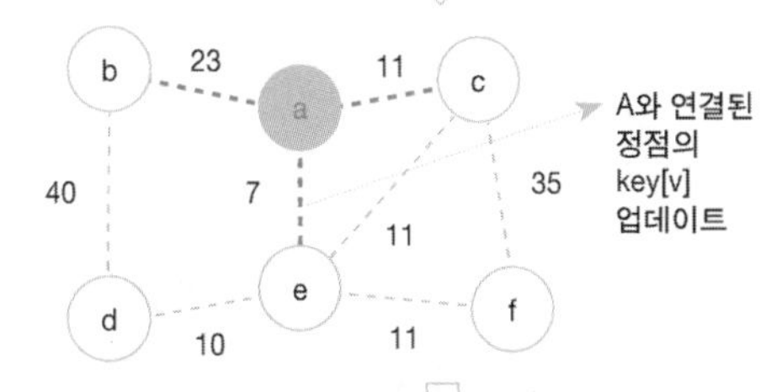

S={a}, A={ }, W=0, V={b, c, d, e, f}

정점(v)	a	b	c	d	e	f
key[v]	0	23	11	∞	7	∞
pred[v]	nil	a	a	nil	a	nil
Visited[v]	1	0	0	0	0	0
Q		✓	✓	✓	✓	✓

방문되지 않은 v 중 key[v] 최소 정점 선택

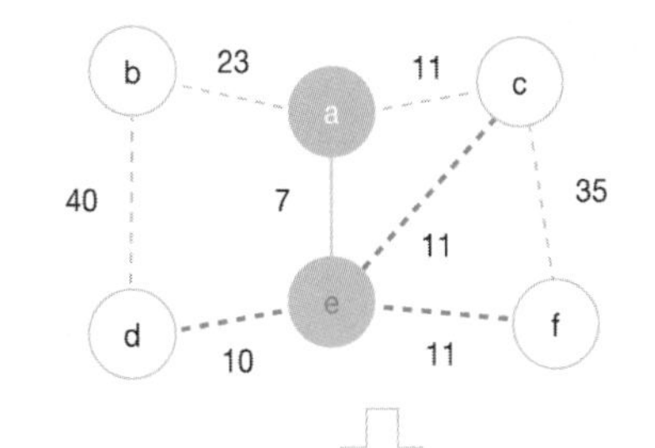

S={a, e}, A={{a, e}}, W=7, V={b, c, d, f}

정점(v)	a	b	c	d	e	f
key[v]	0	23	11	10	7	11
pred[v]	nil	a	a	e	a	e
Visited[v]	1	0	0	0	1	0
Q		✓	✓	✓		✓

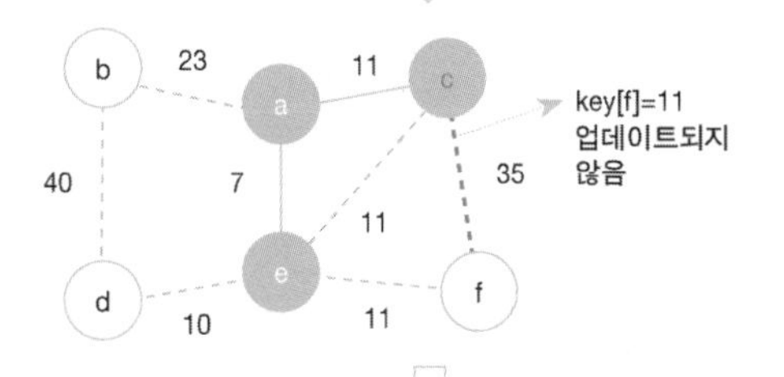

S={a, e, c}, A={{a, e}, {a, c}}, W=18, V={b, d, f}

정점(v)	a	b	c	d	e	f
key[v]	0	23	11	10	7	11
pred[v]	nil	a	a	e	a	e
Visited[v]	1	0	1	0	1	0
Q		✓		✓		✓

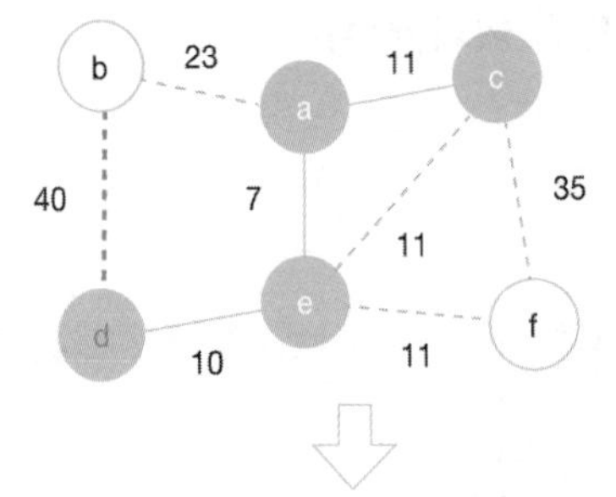

S={a, e, c, d}, A={{a, e}, {a, c}, {e, d}}, W=28, V={b, f}

정점(v)	a	b	c	d	e	f
key[v]	0	23	11	10	7	11
pred[v]	nil	a	a	e	a	e
Visited[v]	1	0	1	1	1	0
Q		✓				✓

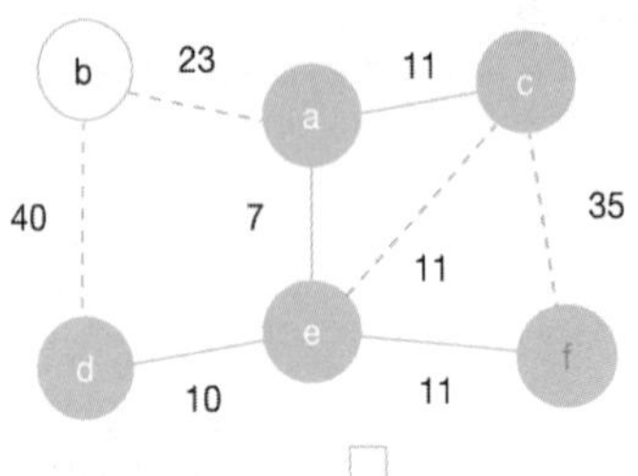

S={a, e, c, d, f}, A={{a, e}, {a, c}, {e, d}, {e, f}},
W=39, V not in S={b}

정점(v)	a	b	c	d	e	f
key[v]	0	23	11	10	7	11
pred[v]	nil	a	a	e	a	e
Visited[v]	1	0	1	1	1	1
Q		✓				

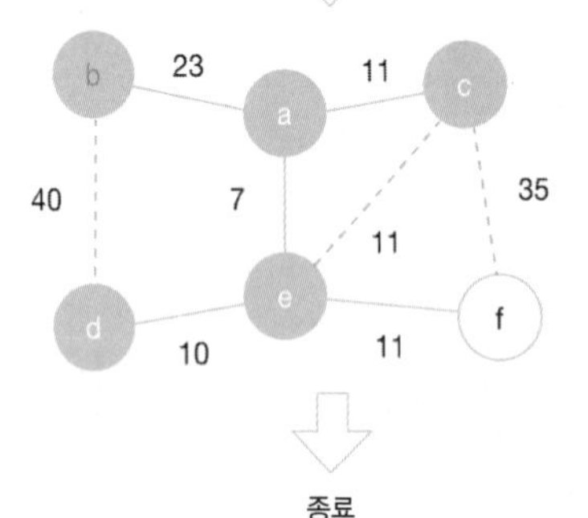

S={a, e, c, d, f, b}, A={{a, e}, {a, c}, {e, d}, {e, f}, {b, a}},
W=62, V={ }

정점(v)	a	b	c	d	e	f
key[v]	0	23	11	10	7	11
pred[v]	nil	a	a	e	a	e
Visited[v]	1	0	1	1	1	1
Q						

종료

최종 MST는 A={{v, pred[v]}: v ∈ }, 최종 MST 가선 가중치 합은 W

3 크루스칼 알고리즘 Kruskal's Algorithm

3.1 크루스칼 알고리즘의 정의

- 최소 비용의 간선 순으로 트리를 구성해 나감으로써 최소 신장 트리를 찾는 알고리즘이다.

3.2 크루스칼 알고리즘의 특징

- 여러 트리로 구성된 숲forest을 활용해 최소 신장 트리를 찾아나간다.
- 복잡도=O(ElogV), V 정점의 개수, E 간선의 개수.

3.3 크루스칼 알고리즘의 절차

단계	설명
1	하나의 정점만으로 이루어진 N개의 집합을 초기화함(정점 개수 N개)
2	모든 간선을 가중치가 작은 순으로 정렬함
3	최소 비용 간선(u, v)을 제거함
4	정점 u와 v가 다른 집합에 속하면, 두 집합을 하나로 합함
5	합쳐진 집합의 개수가 N이 되면 중지함

3.4 크루스칼 알고리즘의 의사 코드

```
// G: 그래프, V[G]: G의 정점 집합, E: 간선, S: 최소 신장 트리 집합, N: G정점 수
MST_KRUSKAL(G,w) do {
  S:={}
  for each vertex v in V[G]
    do MAKE_SET(v)  // 각 v 자신만으로 구성된 트리를 만듦, N개의 트리 생성
  sort the edges of E by increasing weight w  // 간선가중치가 작은 순으로 정렬
  for each edge (u,v) in E, in order by increasing weight  // 간선 가중치 오름차순
    do if FIND_SET(u) != FIND_SET(v)  // u 와 v 가 같은 트리에 있지 않으면,
      then  S:=S∪{(u,v)}
        UNION(u,v)  // u와 v가 속한 트리를 하나의 트리로 합침
        if the count of S is N  // 최소 신장 트리 완성
          STOP
return S

// Kruskal은 Disjioin-Set 동작 원리를 이용해, 최소 신장 트리를 만들어나간다
Disjoint-Set(서로 소 집합 )의 3가지 동작 (Operation)
- Make-Set (x): 단 하나의 구성원, x로 구성된 set을 생성한다
- Union (x, y): x, y각 각각 속한 두 집한 Sx와 Sy를 하나의 set으로 합친다
- Find-Set (x): x가 속한 대표자의 point를 리턴한다
```

3.5 크루스칼 알고리즘의 절차 도식화(예시)

크루스칼 알고리즘의 절차 도식화

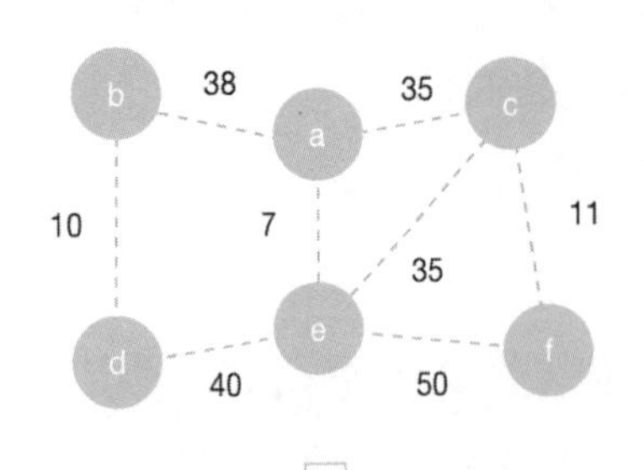

S1={a}, S2={b}, S3={c},
S4={d}, S5={e}, S6={f}

정점(v)	a	b	c	d	e	f
parent[v]	a	b	c	d	e	f

make-set

정렬

no	u	v	w	searched
1	a	e	7	
2	d	b	10	
3	c	f	11	
4	c	e	35	
5	a	c	35	
6	b	a	38	
7	e	d	40	
8	e	f	50	

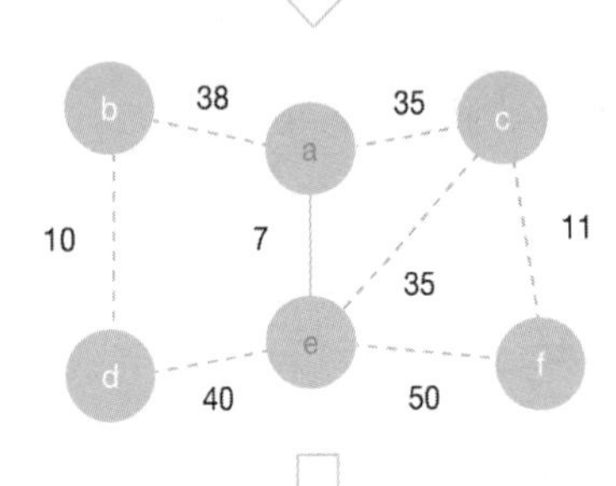

S1={a, e}, S1.w=7, S2={b}, S3={c},
S4={d}, S6={f}

정점(v)	a	b	c	d	e	f
parent[v]	a	b	c	d	a	f

↑ union

no	u	v	w	searched
1	a	e	7	✓
2	d	b	10	
3	c	f	11	
4	c	e	35	
5	a	c	35	
6	b	a	38	
7	e	d	40	
8	e	f	50	

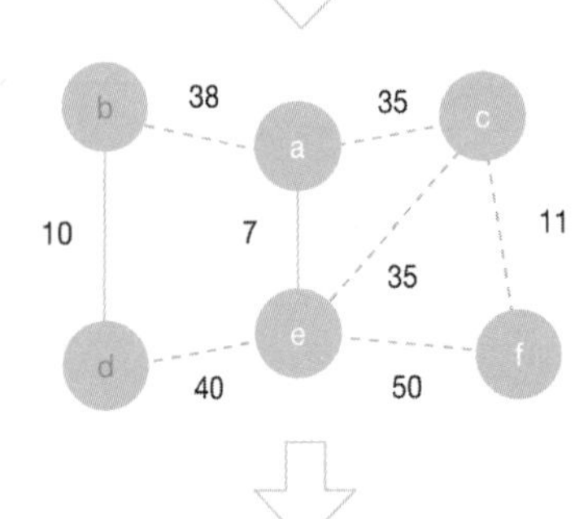

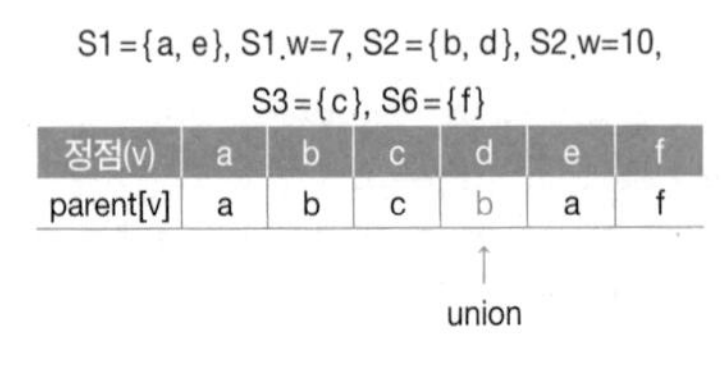

S1={a, e}, S1.w=7, S2={b, d}, S2.w=10,
S3={c}, S6={f}

정점(v)	a	b	c	d	e	f
parent[v]	a	b	c	b	a	f

↑ union

no	u	v	w	searched
1	a	e	7	✓
2	d	b	10	✓
3	c	f	11	
4	c	e	35	
5	a	c	35	
6	b	a	38	
7	e	d	40	
8	e	f	50	

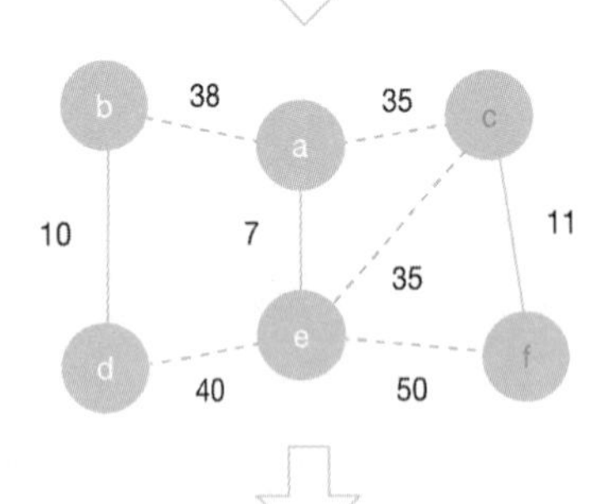

S1={a, e}, S1.w=7, S2={b, d}, S2.w=10,
S3={c, f}, S3.w=11

정점(v)	a	b	c	d	e	f
parent[v]	a	b	c	b	a	c

↑ union

no	u	v	w	searched
1	a	e	7	✓
2	d	b	10	✓
3	c	f	11	✓
4	c	e	35	
5	a	c	35	
6	b	a	38	
7	e	d	40	
8	e	f	50	

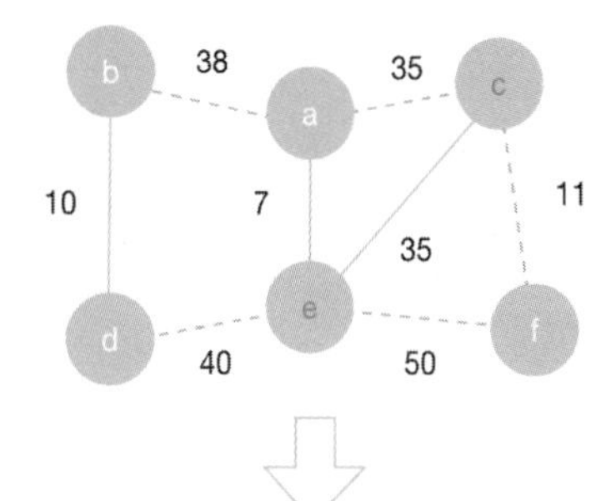

S1 = {a, e, c, f}, S1.w=53,
S2 = {b, d}, S2.w=10

정점(v)	a	b	c	d	e	f
parent[v]	a	b	a	b	a	c

↑ union (c)

no	u	v	w	searched
1	a	e	7	✓
2	d	b	10	✓
3	c	f	11	✓
4	c	e	35	✓
5	a	c	35	
6	b	a	38	
7	e	d	40	
8	e	f	50	

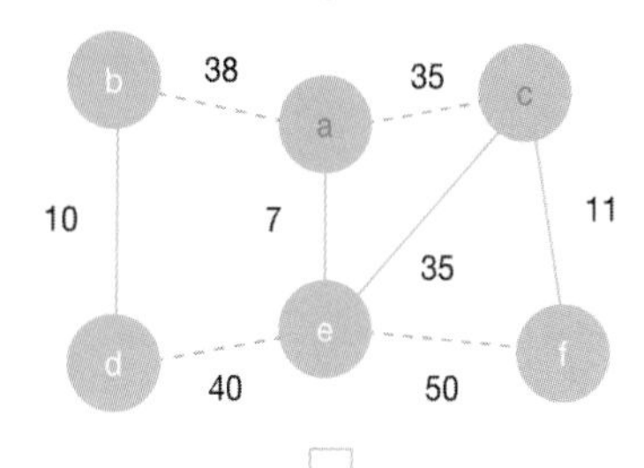

S1 = {a, e, c, f}, S1.w=53,
S2 = {b, d}, S2.w=10

정점(v)	a	b	c	d	e	f
parent[v]	a	b	a	b	a	c

find_set(a) = = find_set(c)

no	u	v	w	searched
1	a	e	7	✓
2	d	b	10	✓
3	c	f	11	✓
4	c	e	35	✓
5	a	c	35	✓
6	b	a	38	
7	e	d	40	
8	e	f	50	

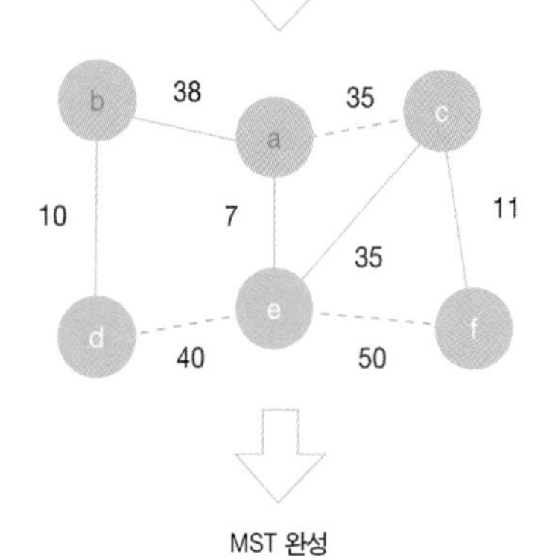

S1 = {a, e, c, f, b, d}, S1.w=101

정점(v)	a	b	c	d	e	f
parent[v]	a	a	c	b	a	c

↑ union (c)

no	u	v	w	searched
1	a	e	7	✓
2	d	b	10	✓
3	c	f	11	✓
4	c	e	35	✓
5	a	c	35	✓
6	b	a	38	✓
7	e	d	40	
8	e	f	50	

참고자료

https://en.wikipedia.org
https://ko.wikipedia.org
http://www.cs.cityu.edu.hk/~lwang/

기출문제

(96회 정보관리) 1. 그래프를 이용해 최적 경로를 찾는 데 이용되는 최소 신장 트리 알고리즘에 대해 설명하라.

(87회 정보관리) 4-2. 다음처럼 7개 신도시의 도로 공사를 최소 비용으로 설계할 때, 다음 물음에 답하라. 단, 노드는 도시 이름을 나타내고 간선은 공사 비용이다.

[그림 기출]

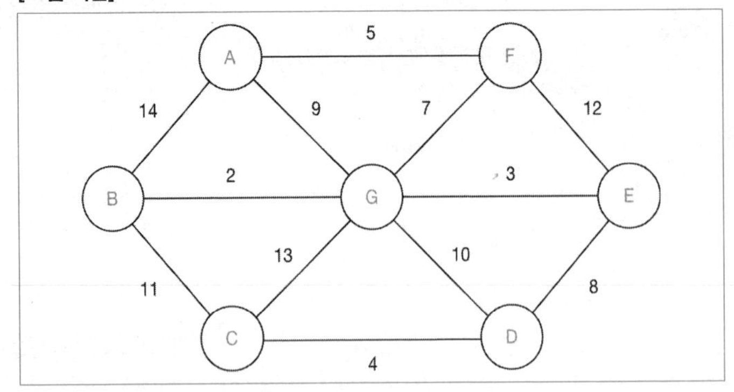

① 최소 신장 트리 개념에 대해 설명하라.

② 위 그래프의 비용 인접 리스트를 도식화하라.

③ 프림 알고리즘을 이용해서 최소 신장 트리를 구하는 절차를 나타내라. 단, 시작 노드는 A이다.

④ 크루스칼 알고리즘을 이용해서 최소 신장 트리를 구하는 절차를 나타내라.

해싱 Hashing

데이터 값을 해시 함수를 통해 해시 테이블의 주소 값을 계산해 해당 해시 키에 데이터를 저장, 검색하는 알고리즘이다.

1 해싱의 개요

1.1 해싱의 정의

- 데이터 값에 대한 산술적 연산(해시 함수)에 대응하는 해시 테이블의 주소를 계산해 해시 키를 만들고 해당 해시 키에 데이터를 저장, 검색하는 방법이다.
- 레코드 키 값을 버킷bucket의 주소에 대응시키는 방법이다.

1.2 해싱의 특징

- 데이터 값으로부터 데이터를 저장할 위치를 계산한다.
- 탐색 성능은 향상시키고, 저장 공간은 희생한다(O(1), 해시 테이블 필요).
- 다른 입력 값에 대해 동일한 해시 테이블 주소를 반환하는 충돌이 발생한다.

2 해싱의 구성

2.1 해싱의 구성도

해싱의 구성도

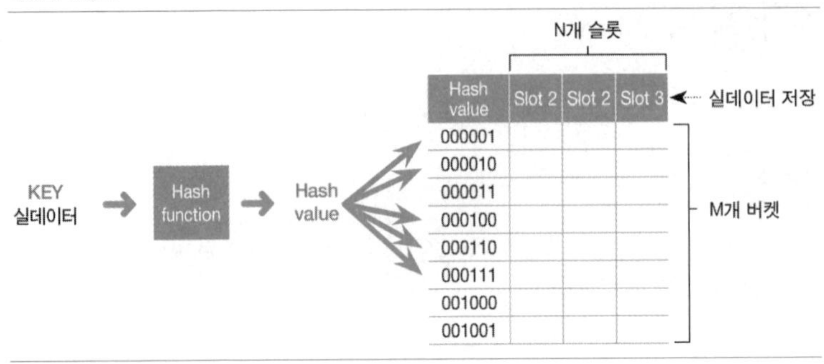

2.2 해싱의 구성 요소

구성 요소	설명	
해시 함수	레코드 키 값을 버켓의 주소에 대응시키는 방법	
해시 테이블	해시 값에 의해 직접 접근이 가능한 구조	
	버켓	- 레코드 키 값을 저장하도록 마련된 기억 장소 - 한 개 또는 여러 레코드 값을 저장할 수 있는 슬롯으로 구성 - 버켓에 레코드들이 가득 차면 충돌 발생
	슬롯	해시 키로 변환되기 전의 실데이터 저장

3 해시 함수의 계산 방식

3.1 좋은 해시 함수의 조건

- 가급적 충돌(결과 값)이 적고 삽입, 삭제, 검색 계산이 빨라야 한다.
- 해시 함수 값이 해시 테이블 주소 영역에 고르게 분포해야 한다.
- 버켓, 해시 테이블, 적재 밀도를 고려해야 한다.

3.2 적재 밀도 Loading Density

- 패킹 밀도packing density로, 총 저장 용량에 대한 실제 저장 레코드 수의 비율이다.
- 적재 밀도가 높으면 이미 저장된 주소에 해싱될 경우가 높으므로, 삽입 시 접근 수가 증가한다.
- 적재 밀도가 낮으면 공간 효율이 떨어진다.
- 효율적 적재 밀도는 약 70~80%이다. 30% 내외의 예비 공간이 필요하다.

적재 밀도

$$\text{적재 밀도} = \frac{\text{저장된 레코드 수}}{\text{버켓의 수} \times \text{버켓의 용량}} < 1$$

• 버킷의 용량은 하나의 버킷당 저장될 수 있는 레코드 개수

3.3 제산 함수 Divide and Remainder, 나머지 함수

- `h(k)=k mod d(0 <= h(k) <= d-1, k 레코드의 key)`이다.
- 해시 테이블의 크기 M은 소수prime number 선택한다.
- M이 소수인 경우 해시 값은 0에서 M-1까지 골고루 분포한다.

3.4 폴딩 함수 Folding

- 마지막 부분을 제외한 모든 부분이 동일하도록 분할하고 각 부분을 모두 더하거나 XOR을 해서 결과 값을 주소로 이용해 해싱하는 방법이다.
- 이동 폴딩shift folding : 레코드 키를 동일한 자리로 나눈 부분 값들을 더해 해시 값을 계산한다.
- 경계 폴딩 boundary folding : 레코드 키를 동일한 자리로 나눈 후 그 값들의 이웃 경계를 접어 역으로 정렬한 후 더해 해시 값을 계산한다.

이동 폴딩

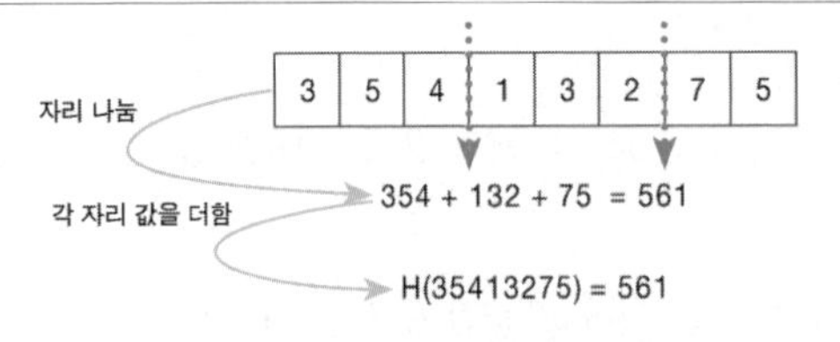

- 3자리씩 나눔 → 각 자리 수를 더함 → 해당 값을 주소로 사용
- 354+132+75=561, 561을 해시 값으로 계산함

경계 폴딩

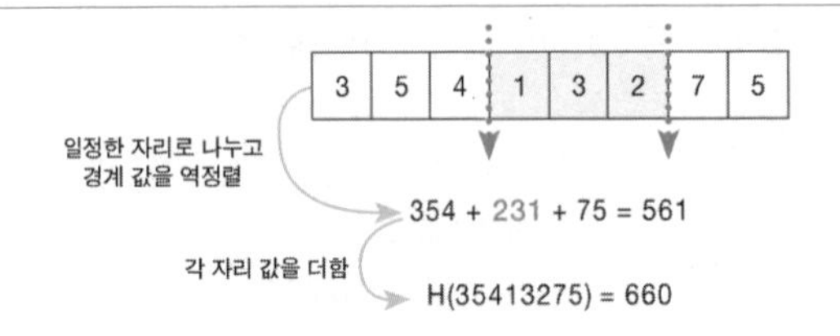

- 3자리씩 나눔 → 이웃 경계한 부분을 역으로 정렬 → 각 자리 수를 더함 → 해당 값을 주소로 사용
- 354 + 231(역정렬) + 75 = 660, 660을 해시 Key 값으로 계산함

3.5 중간 제곱 함수 Mid-Square

- 레코드 키를 제곱하고, 중간의 몇 비트를 취해 해시 값으로 사용한다.

중간 제곱 함수

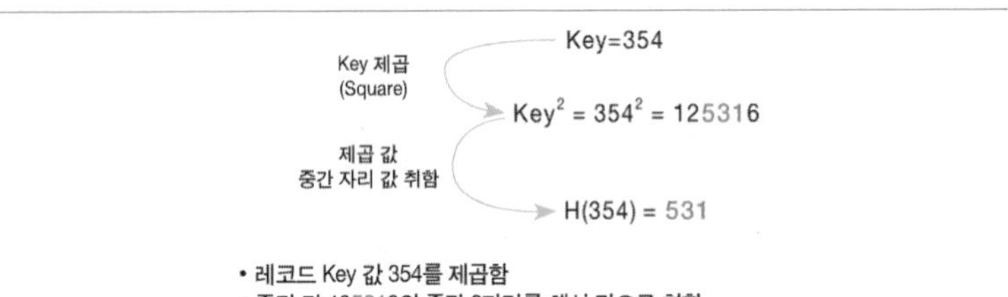

- 레코드 Key 값 354를 제곱함
- 중간 값 125316의 중간 3자리를 해시 값으로 취함

3.6 숫자 분석 함수 Digit Analysis

- 레코드 키를 구성하는 각 숫자의 위치 자리별로 분포를 이용해서 균등한 분포의 숫자를 선택, 사용한다.
- 해시 테이블의 버켓 수를 정해 해시 값의 자리 수를 정하고, 레코드 키에서 선택할 자리 수를 정한다.

숫자 분석 함수

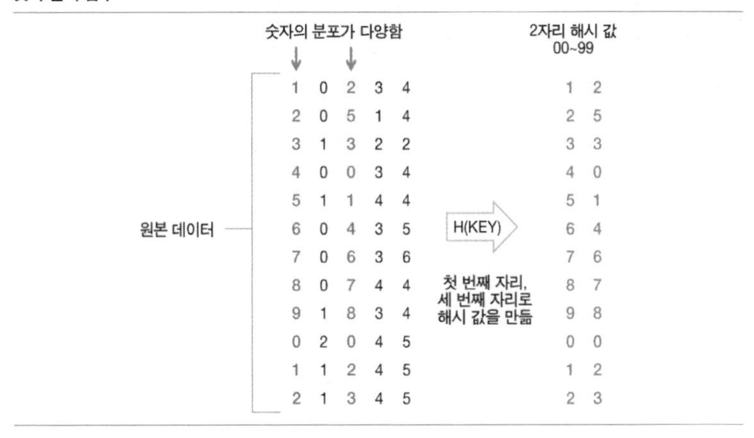

3.7 이동 함수 Shifting

- 레코드 키를 중앙을 중심으로 양분 주소 길이만큼 숫자를 이동시켜 해시 값을 구한 후 주소 범위에 맞도록 조정해 해시 값으로 사용한다.

3.8 기수 변환 함수 Radix Conversion

- 레코드 키의 값을 다른 진법으로 변환해 얻은 결과 값을 해시 값으로 사용한다.

3.9 무작위 함수 Random

- 난수를 발생시켜 해시 값으로 사용한다.

4 해시 충돌

4.1 해시 충돌의 정의

- 서로 다른 2개의 입력 레코드 키에 대해서 동일한 해시 출력 값을 내는 상황이다.

- 해시 함수를 이용한 자료 구조, 알고리즘의 효율성을 감소시키므로, 해시 함수는 해시 충돌이 자주 발생하지 않도록 구성하는 것이 필요하다.
- 암호학적 해시 함수의 경우, 공격자가 해시 충돌을 쉽게 만들 수 없도록 만들어, 해수 함수의 안전성이 높도록 해시 함수를 만들어야 한다.

해시 충돌

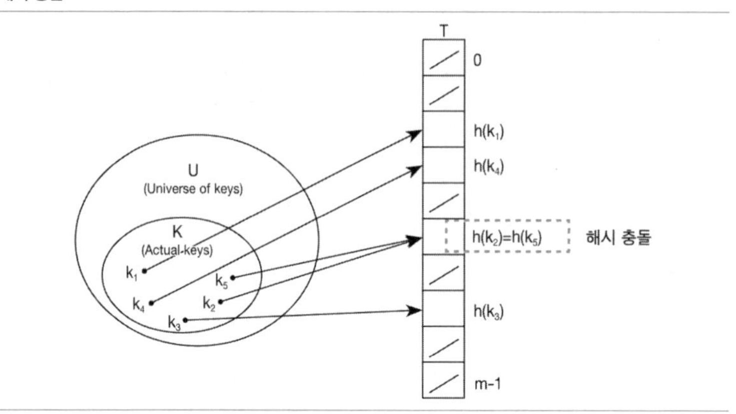

4.2 해시 충돌의 해결 방법

해시 충돌의 해결 방법 종류

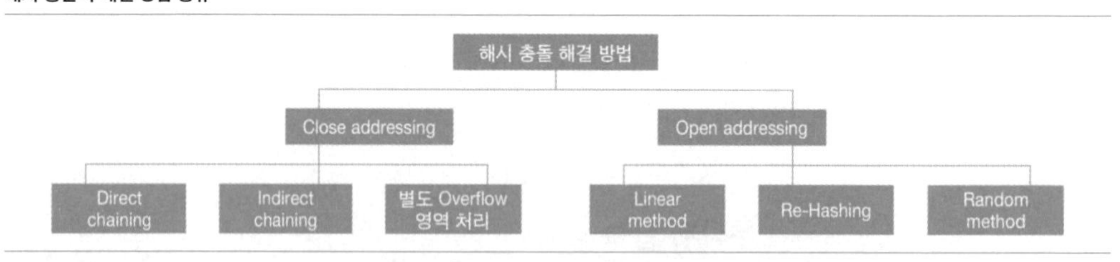

구분	방법	설명
close addressing	direct chaining	동일 해시 테이블에서 연결 리스트를 구성해 레코드 저장과 pointer 보관함. 해시 테이블만 두고, 동일 버켓 주소 레코드(synonym)를 연결 리스트로 구성해 저장함
	indirect chaining	해시 테이블과는 별도로 오버 플로우 공간을 확보해 synonym을 연결 리스트로 구성함
	별도 영역 처리	링크를 두지 않고 오버 플로우 영역에 저장하고 해시 테이블 없는 레코드는 모든 오버 플로우 영역에서 검색함
open addressing	linear method	해시 충돌 발생 시 고정 폭(예: +1, 제곱 증가)으로 빈 곳을 찾음(필요 시 반복 수행)
	re-hashing	오버 플로우가 발생하지 않을 때까지 여래 개의 해시 함수를 적용함
	random method	난수를 후속 주소로 선택하는 방법

참고자료

https://en.wikipedia.org

https://ko.wikipedia.org

http://mclab.silla.ac.kr/lecture/201301/algorithm

cs.kku.ac.kr/~jhnam/DataStructures11-2

기출문제

(63회 정보관리) 2-3. 해싱의 장단점 비교 설명과 collision 해결 방법 제시

(59회 정보관리) 11. 해싱 함수

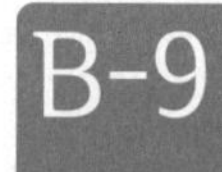

데이터 압축 Data Compression

데이터 전송과 저장 효율을 높이기 위해 원본 데이터의 데이터 중복을 제거하거나 불필요한 데이터를 삭제해 작은 크기로 데이터를 변환하는 기술이다.

1 데이터 압축의 개요

1.1 데이터 압축의 개념

- 데이터의 전송과 저장 효율을 높이기 위해 원본 데이터의 데이터 중복을 제거하거나 불필요한 데이터를 삭제해 원래 크기보다 작은 크기의 데이터로 변환하는 기술이다.

1.2 주요 무손실 데이터 압축의 코딩 기법

코딩 기법	설명
런 렝스 코딩	- 반복 길이 부호화 - 데이터에서 같은 값이 연속적으로 나타날 때 그 개수와 반복되는 값만으로 표현
허프만 코딩	- 데이터 문자의 등장 빈도에 따라 다른 길이의 부호를 사용

2 런 렝스 코딩 Run Length Coding

- 동일한 값(코드)이 몇 번 반복되는지를 나타내는 방식이다.
- 런run : 반복되는 문자.
- 렝스length : 반복 횟수.
- 이미지 파일 포맷인 BMP 파일 포맷의 압축 방법으로 사용한다.

런 렝스 코딩의 예시

원본 데이터	BBBBBBBBBAAAAAAAAAAAAAAAANMMMMMMMMMM
압축된 데이터	B09A16N01M10

3 허프만 부호화 Huffman Coding의 개요

3.1 허프만 부호화의 정의

- 무손실 압축에 쓰이는 엔트로피 부호화의 일종으로, 데이터 문자의 등장 빈도에 따라 다른 길이의 분호를 사용하는 알고리즘이다.

3.2 허프만 부호화의 특징

- 그리디 알고리즘 방식이다.
- 무손실 압축에 쓰이는 엔트로피 부호화 entropy encoding 이다.
- 주어진 빈도에 대해서 항상 최적의 접두 부호를 구성하는 이진 트리 구성이다.
- 어떤 한 문자에 대한 부호가 다른 부호들의 접두어가 되지 않는 부호 체계이다.
- 가변 길이 코딩variable-length coding 방법이다.

4 허프만 부호화의 절차

4.1 허프만 부호화의 절차도

허프만 부호화의 절차도

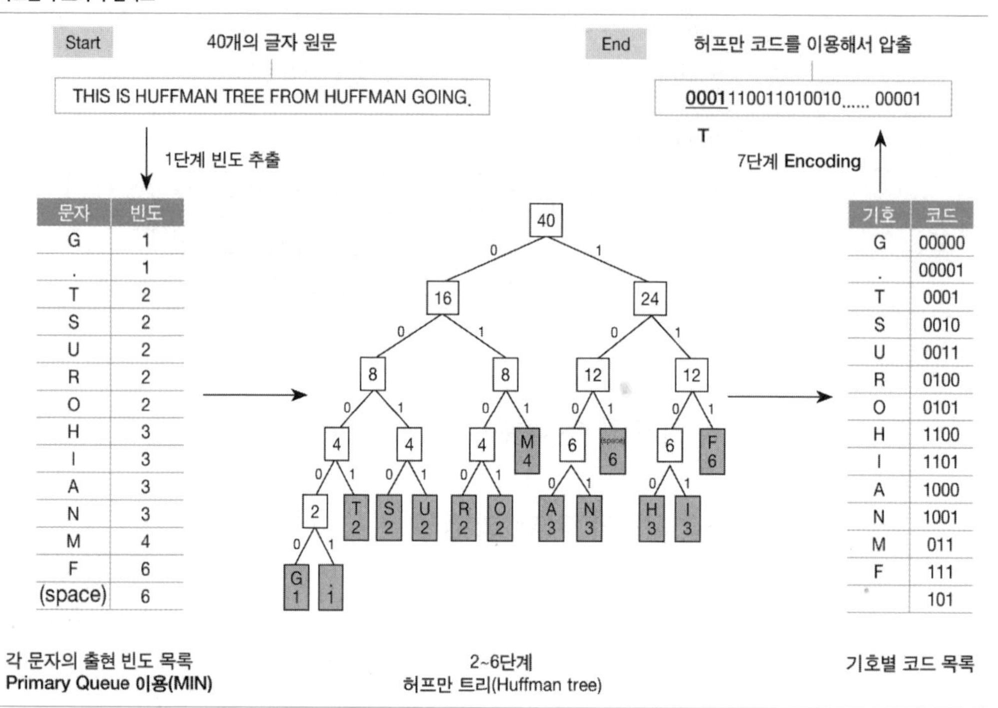

4.2 허프만 트리 생성의 절차 설명

단계	항목	설명
1	빈도 추출	주어진 텍스트에서 기호별 출현 빈도 추출, 목록을 작성
2	최빈 검색	작성된 목록에서 최빈(min) 2개의 기호를 추출
3	부노드 생성	두 기호를 부모 노드를 가지는 부트리(Subtree)를 구성해 자식노드를 생성
4	주노드와 결합	부모 노드의 값을 두 기호의 빈도 수를 더해 주노드와 결합
5	반복 수행	남은 목록을 통해 최상위 부모 노드를 만들 때까지 2~4단계를 반복 수행
6	종료	허프만 트리를 리턴하고 반복 수행을 종료
7	인코딩	허프만 트리를 이용해 주어진 텍스트의 각 문자를 코드로 변환, 압축된 텍스트를 생성

5 허프만 부호화의 의사 코드

```
입력: 문자와 각 문자별 빈도
{ (c1, f[c1]), (c2, f[c2]), ..., (cn, f[cn]) }
출력: 허프만 트리

HUFFMAN(C) {
Make priority Queue Q using c1, c2, ..., 추

For i= 1 to n-1 do {

  z = alocate new node;
         l = Q.extract-min();
  r = Q.extract-min();
  z.left = l;
  z.right = r;
  f[z] = f[r] + f[l];
  Q.insert(z);

}
Return Q.extract-min();
}
```

참고자료

http://ko.wikipedia.org

https://kamilmysliwiec.com/implementation-of-huffman-coding-algorithm-with-binary-trees

기출문제

(96회 컴퓨터 응용) 2-4. 데이터 압축 기법인 런렝스 코딩과 허프만 코딩에 대해 설명하라.

B-10

유전자 알고리즘 Genetic Algorithm

생물의 유전과 같은 적자생존 진화 방식을 공학적으로 모델링한 확률적 탐색 기반 방식의 최적화 문제 해결 알고리즘이다.

1 유전자 알고리즘의 개요

1.1 유전자 알고리즘의 정의

- '적자생존'의 개념인 다윈의 진화론으로부터 창안된 확률적 탐색 기법으로 최적화 문제 해결을 위한 알고리즘이다.
- 생물의 유전과 같은 진화 알고리즘을 공학적으로 모델화해 문제 해결이나 시스템의 학습 등에 응용하려는 알고리즘이다.
- 세대generation를 형성하는 개체individual들의 집합인 개체군population 중에서 환경에 대한 적합도fitness가 높은 개체가 높은 확률로 살아남아 재생reproduction할 수 있게 되며 이때 교배crossover 및 돌연변이mutation로서 다음 세대의 개체군을 형성하게 되는 생물의 진화 과정을 인공적으로 모델링한 알고리즘이다.
- 진화적 알고리즘EA: evolutinary algorithm의 종류로는 유전자 알고리즘 이외에 진화 전략, 진화 프로그래밍, 유전자 프로그래밍 등이 있다.

진화적 알고리즘에서의 유전자 알고리즘

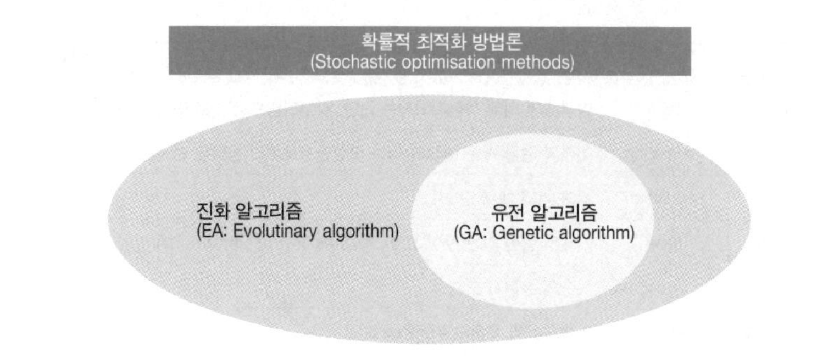

2 유전자 알고리즘에서 주요 용어

2.1 유전자 알고리즘의 용어 도식화

N개의 도시 여행자 문제

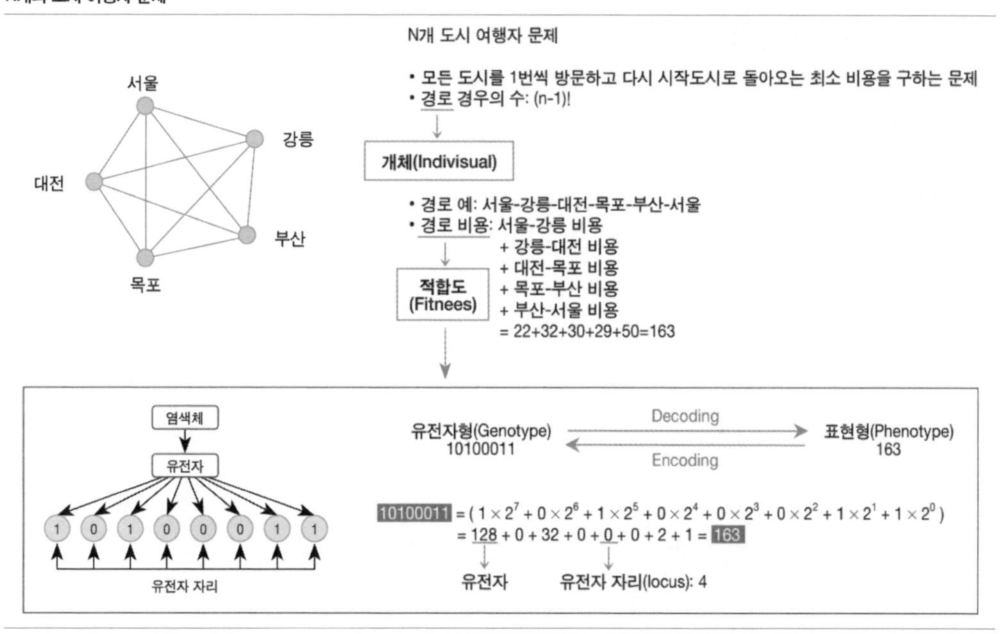

2.2 유전자 알고리즘의 주요 용어 설명

용어		설명
개체	individual	염색체에 의해 특징지어지는 집단, 알고리즘으로 찾고자 하는 하나의 해
세대	generation	최적의 해를 찾는 대상이 되는 모집단으로부터 선택된 한 번의 샘플 집단
개체 수	population	세대 내의 개체 수
유전자	gene	개체의 형질 기본 구성 요소, 특성(feature), 형질(character)
염색체	chromosome	복수의 유전자 모임
유전자 자리	locus	염색체상의 유전자 위치(position)
적합도	fitness	염색체가 갖고 있는 고유 값, 유전자의 각 개체에 대한 적합 비율을 평가하는 값
유전자형	genotype	염색체에 의해 규정된 형질을 내부적으로 표현하는 방법
표현형	phenotype	염색체에 의해 규정된 형질을 외부적으로 표현하는 방법
인코딩	encoding	표현형에서 유전자형으로 매핑하는 것
디코딩	decoding	유전자형에서 표현형으로 역매핑하는 것

3 유전자 알고리즘의 절차

3.1 유전자 알고리즘의 절차도

유전자 알고리즘의 절차도

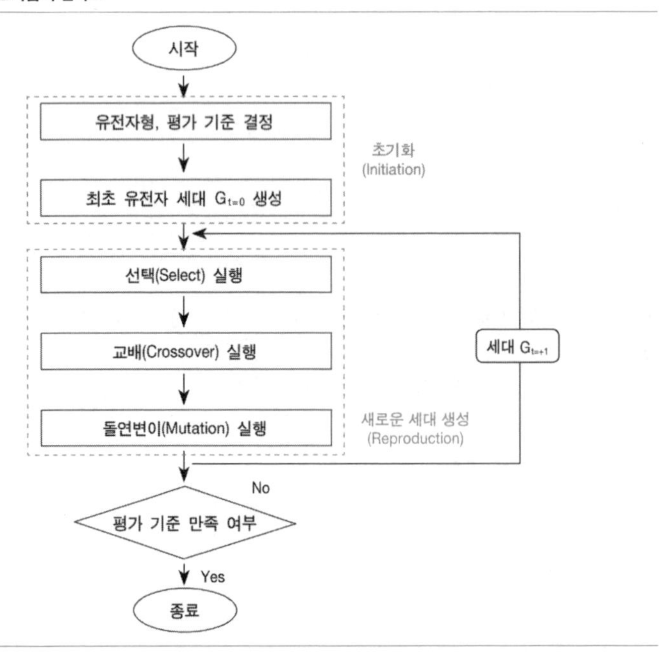

3.2 유전자 알고리즘의 절차 설명

단계		설명
초기화	initialize	유전자형 결정, 최적화 기준 선정
세대 생성	reproduct	유전자 연산(genetic operator: crossover, mutation)을 통해 현세대의 개체로부터 다음 세대의 자손을 생성
평가	evalutation	생성된 세대에서 fitness evaluation을 통해 최적해를 찾고, 최적 값을 갱신
반복	repeat	최적 값이 갱신되었을 경우, 세대 생성을 반복해 재평가 진행
종료	stop	최적 값이 갱신되지 않았을 경우 종료

4 유전자 알고리즘의 연산

4.1 유전자 연산의 도식화

유전자 연산의 도식화

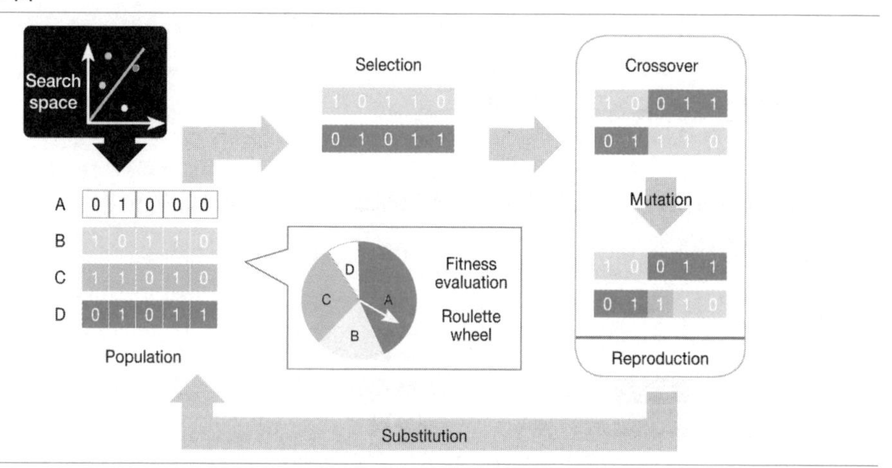

4.2 유전자 연산의 설명

연산		설명
선택	selection	집단 중에서 적응도의 분포에 따라 다음 단계로 교배를 행하는 개체의 생존 분포를 결정함. 적응도의 분포에 기초하고 있기 때문에 적응도가 높은 개체일수록 보다 많은 자손을 남기기 쉬움(룰렛 휠 방법).
교배	crossover	유전자 연산을 통해 현세대의 개체로 부터 다음 세대의 자손을 생성
평가	mutation	생성된 세대에서 선택된 최적화 값을 갱신

4.3 선택 연산의 룰렛 휠 Roulette Wheel 방법

- 각 염색체의 적합도에 비례하는 만큼 룰렛의 영역을 할당한 다음, 룰렛을 돌려 화살표가 가리키는 영역의 염색체를 선택한다.
- 적합도가 높은 후보는 선택될 확률이 높고 적합도가 낮은 것은 선택될 확률이 상대적으로 낮다.

룰렛 휠

후보해	염색체	적합도	비율
A	11000	576	49.2
B	10011	361	30.9
C	01101	169	14.4
D	01000	64	5.5
합계		1170	100

Roulette wheel

4.4 교배 연산 Crossover Operation 방법

- 일점 교차 single crossover : 하나 교차 위치를 설정하고 그 전후로 부모의 유전자형을 교환한다.

일점 교차

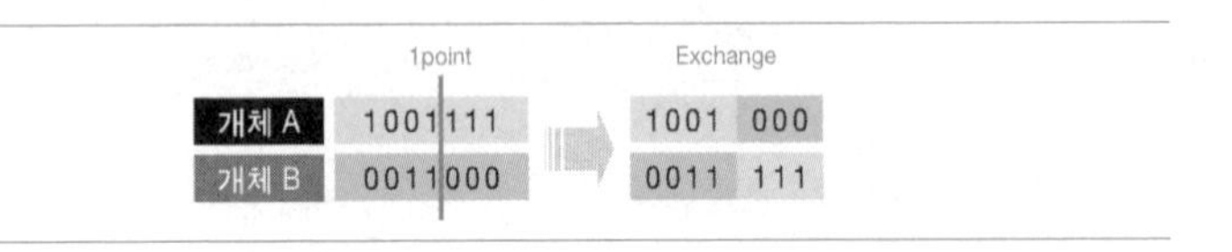

- 복수점 교차 multi-point crossover : 복수 개의 교차 위치를 설정하고 부모의 유전자형을 교환한다.

복수점 교차

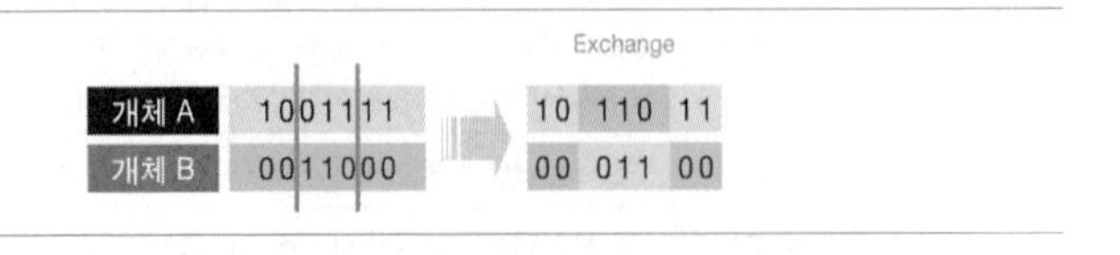

- 일정 교차 uniform crossover : 마스크를 사용해 어느 쪽의 유전자를 받아들일지 결정한다.

일정 교차

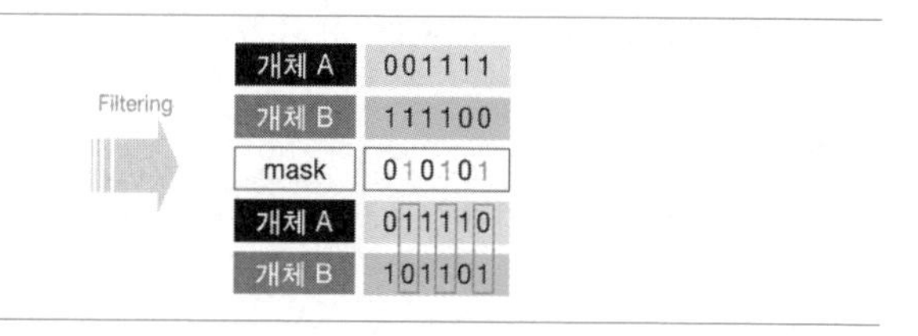

4.5 돌연변이 연산 Mutation Operation 방법

- 돌연변이율mutation rate이 아주 작은 확률로 후보 해의 일부분을 임의로 변형한다.
- 돌연변이율은 (1/popsize)~(1/Length)의 범위에서 사용한다.
- popsize population size는 각 세대의 염색체 수이고, length는 염색체의 유전자 수, 즉 후보 해를 이진 표현 시, 비트 수이다.

돌연변이 연산

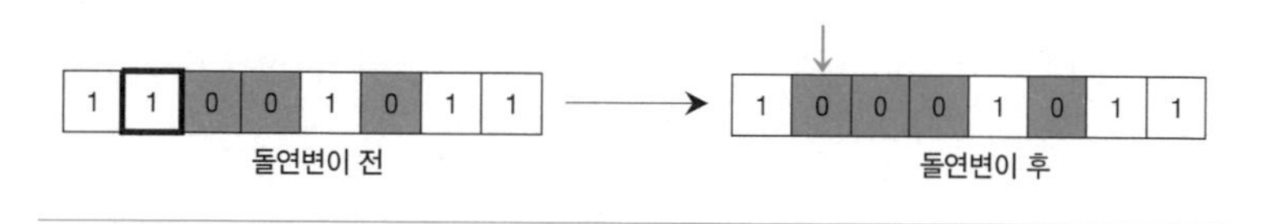

- 초기 조하에 적절한 해가 없을 경우, 원하는 해를 구할 수 없는 local optimum 현상을 방지하기 위해 수행한다.

local optimum 현상 방지

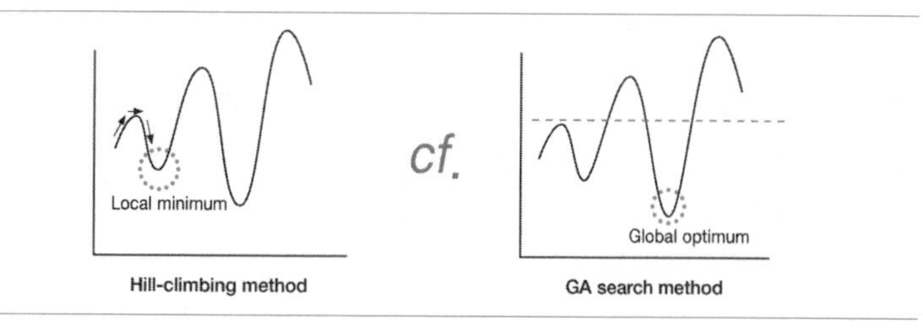

참고자료

정환묵. 1999. 『지능정보시스템 원론』. 21세기사.

오일석. 2008. 『패턴인식』. 교보문고.

http://ko.wikipedia.org

http://dsba.korea.ac.kr/wp/

기출문제

(80회 정보관리) 3-6. 유전자 알고리즘의 특징, 절차, 활용 방법에 관해 기술하라.

C
정렬

C-1

자료 정렬 Data Sort

정렬은 순서 없이 배열된 데이터를 일정한 순서로 나열하는 것으로, 각 레코드의 특정 부분을 키로 설정해 키 값에 따라 파일의 레코드를 재배열하는 작업이다.

1 자료 정렬의 개요

1.1 자료 정렬의 정의

- 항목들을 정해진 순서대로 배치해 의미 있는 구조로 재설정하는 것을 말한다.

1.2 자료 정렬의 종류

- 배열 순서에 따른 정렬 종류
  - 내림차순 descending sort : 큰 값에서 작은 값 순으로 정렬하는 방법.
  - 오름차순 ascending sort : 작은 값에서 큰 값으로 정렬하는 방법.
- 데이터가 저장되는 곳에 따른 정렬 종류
  - 내부 정렬 internal sort : 주 기억 장치 내부에서 시행하는 정렬 방법.
  - 외부 정렬 external sort : 보조 기억 장치에서 시행하는 정렬 방법.

2 내부 정렬 알고리즘의 비교

2.1 내부 정렬 알고리즘의 정의 비교

내부 정렬 알고리즘의 정의 비교

정렬 알고리즘	정의
버블(bubble)	데이터들의 이웃 요소들끼리의 교환을 통해 정렬하는 방법
선택(selection)	대상에서 가장 크거나 작은 데이터를 나열 순으로 찾아가 선택하는 방법
삽입(insertion)	대상을 선정해 정렬된 영역에서 적절한 삽입 위치를 찾아 삽입하는 방법
퀵(quick)	기준 값을 선정해 해당 값을 기준으로 정렬하는 방법
히프(heap)	선택 정렬을 발전시키고 부분 트리를 사용한 정렬 방법
합병(merge)	이미 정렬된 부분 집합들을 효율적으로 합병해 전체를 정렬하는 방법

2.2 내부 정렬 알고리즘의 시간복잡도 비교

내부 정렬 알고리즘의 시간복잡도

정렬 알고리즘	평균	최악 상황	필요 메모리	정렬 방법
버블(bubble)	$O(n^2)$	$O(n^2)$	$O(1)$	swap
선택(selection)	$O(n^2)$	$O(n^2)$	$O(1)$	selection
삽입(insertion)	$O(n^2)$	$O(n^2)$	$O(1)$	insertion
퀵(quick)	$O(n\log_2 n)$	$O(n^2)$	$O(n\log_2 n)$	partitioning
히프(heap)	$O(n\log_2 n)$	$O(n\log_2 n)$	$O(1)$	selection
합병(merge)	$O(n\log_2 n)$	$O(n\log_2 n)$	$O(n)$	merging

- 실제 현업에서는 $O(n\log_2 n)$의 평균 시간복잡도를 가지는 정렬을 많이 사용한다. 내부 정렬 알고리즘은 실제 알고리즘 영역에서 빈출 토픽으로 이후 챕터에서 보다 자세하게 설명한다.

키포인트

비교 정렬의 하한(lower bound)

- 어떤 문제를 그 하한 이하로는 해결할 수 없다는 것을 의미하며, 알고리즘에 관한 지식만큼 중요하다.
- 일반적으로 비교 정렬의 경우, 1개의 선택된 자료에 대해 n-1개의 다른 자료와 비교는 작업을 n번 해야 한다. 즉, $O(n^2)$의 복잡도를 갖게 되는 것이다. 그러나 이때, 비교를 하지 않고도 선택된 자료와 비교 대상 자료의 크고 작음을 알 수 있다면 비교 과정을 생략할 수 있게 되고 알고리즘의 복잡도는 낮아지게 된다.

- Big O 표현법으로 표시되는 복잡도 중 자료의 크기에 따라 수행 시간이 늘어나는 함수 중 가장 적은 복잡도를 갖는 함수는 $O(n\log_2 n)$이다. 이는 선택된 자료가 가장 적게 다른 자료와 비교해 자신의 위치를 결정할 수 있는 시간이 $O(\log_2 n)$이라는 의미이며, 이러한 과정을 자료의 수(n번)만큼 반복 수행하게 되는 것이다.
- 따라서 비교 정렬의 하한은 $O(n\log_2 n)$가 된다.

3 외부 정렬 알고리즘 External Sorting Algorithm

3.1 외부 정렬의 개념

- 정렬 데이터가 너무 많아서 주 기억 장치에 들어가지 않을 때의 정렬 방법이다.
- 외부 정렬 방법에서 가장 널리 이용되는 방법은 병합 방법merge method으로, 보조 기억 장치에 있는 파일을 여러 개의 서브 파일로 분리해 각각을 내부 정렬 방법으로 정렬한 뒤, 다시 보조 기억 장치에 저장, 정렬이 완료된 서브 파일을 런run이라 한다.
- 처음에 여러 개의 런에서 시작해 합병 방법을 반복함으로써 하나의 런을 생성하는 방법이다.

3.2 디스크를 이용한 정렬 방법

- 파일을 블록 크기로 분할한다.
- 주 기억 장치 크기만큼의 블록을 주 기억 장치로 전송한다.
- 주 기억 장치에서 런 단위로 합병한다(합병 결과는 비어 있는 1개의 블록에 기록함).
- 1개의 블록이 차면 그 블록 내용을 보조 기억 장치로 전송한다.
- 상기 절차를 정렬이 끝날 때까지 반복한다.

3.3 테이프를 이용한 정렬 방법

- **균형 병합 정렬** balanced merge sorting : 주어진 입력 파일을 여러 개의 테이프에 동일한 크기로 분할해서 정렬한다(런 생성). 생성된 런에 대해 k-way 합병을 실시함(k-way 합병은 입력용으로 k개의 테이프와 출력용으로 1개의 테이프가 필요함).
- **다상 병합 정렬** polyphase merge sorting : 초기 서브 파일의 수를 피보나치 수열에 따라 n-1개의 테이프에 분배해서 k-way 병합 정렬한다.
- **캐스케이드 병합과 유사한 점**: 비어 있는 1개의 테이프에 분배해서 t-1개의 내용을 합병시키는데 1개의 테이프가 빌 때까지 합병한다.
- **캐스케이드 병합과 다른 점**: 각 합병 단계에서 t-1개의 테이프를 전부 사용한다.
- **캐스케이드 병합 정렬** cascade merge sorting : 균형 병합 정렬과 유사하다. 초기 파일을 1개의 테이프를 제외한 모든 테이프에 분배한 다음 합병을 반복한다. 테이프 중에서 1개 테이프의 합병을 종료하면 합병 종료한다. 캐스케이드 합병과 균형 병합 정렬 방법은 다상 합병과 교대식 합병보다 비효율적이다.
- **교대식 병합 정렬** oscillation merge sorting : 양쪽 방향으로 읽을 수 있는 테이프에서 가능하다. 1개의 테이프를 제외한 모든 테이프에 1개의 런씩 저장해 빈 테이프에 합병한다. 그다음 런을 테이프에 저장해 합병을 반복한다.

참고자료

론 펜톤(Ron Penton). 2004. 『게임 프로그래머를 위한 자료 구조와 알고리즘(Data Structures for Game Programmers)』. 류광 옮김. 정보문화사.

http://www.wikipedia.org

기출문제

(75회 정보관리 3교시) 정렬 문제의 하한(lower bound)(n $\log_2 n$)이라는 것을 증명하라.

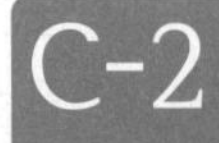

버블 정렬 Bubble Sort

두 인접한 원소를 검사해 정렬하는 방법이다. 시간복잡도가 $O(n^2)$로 상당히 느리지만, 코드가 단순하기 때문에 학습이나 정렬 개념 확립 시 주로 사용된다. 원소 이동이 거품이 수면으로 올라오는 모습과 비슷하다고 해서 붙여진 이름이다.

1 버블 정렬의 개요

1.1 버블 정렬의 정의

- 데이터를 차례대로 탐색하면서 이웃 데이터와의 데이터 비교 및 swap을 통해 정렬한다.

1.2 버블 정렬의 특징

버블 정렬의 특징

특징	내용
느린 수행 시간	평균 시간복잡도가 $O(n^2)$
플래그를 통한 속도 개선	1번의 루프가 끝날 때까지 교환이 발생하지 않으면 수행 중단

2 버블 정렬의 원리와 수행 절차

2.1 버블 정렬의 원리

버블 정렬의 원리

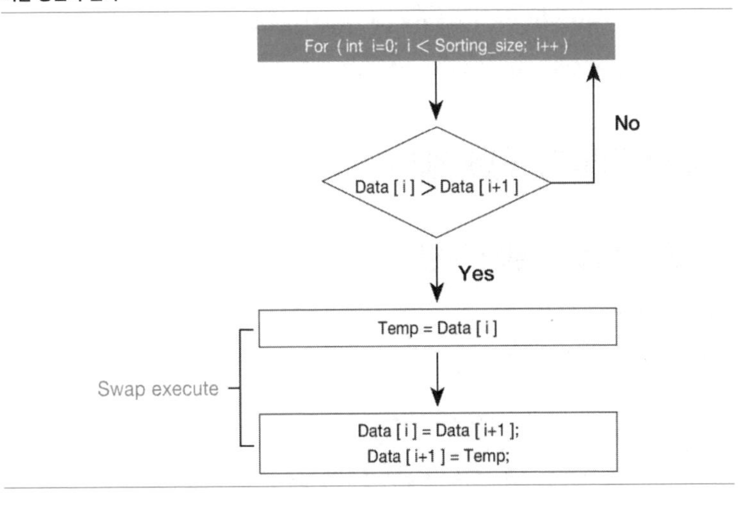

- 반복 수행 시 플래그를 통해 정렬의 성능을 향상시킬 수 있다.

2.2 버블 정렬의 수행 절차

버블 정렬의 수행 절차(오름차순)

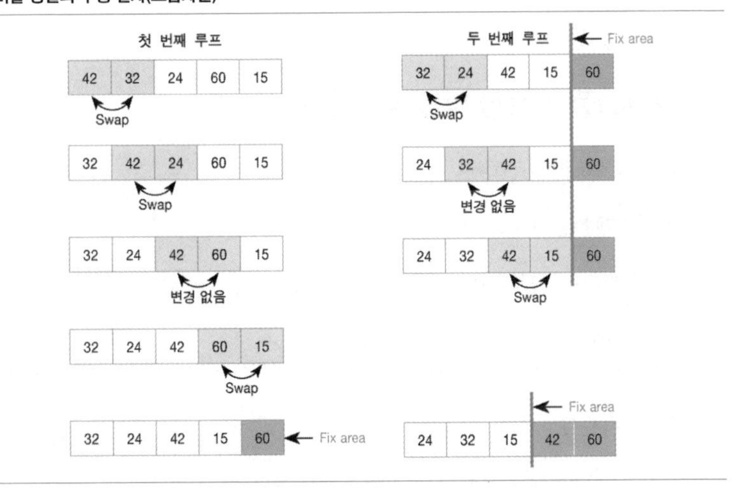

버블 정렬의 수행 단계

단계	항목	내용
1	값 비교	인접한 두 데이터의 값을 비교
2	swap execute	두 데이터가 변경할 조건에 부합하면 swap 연산 수행
3	fix area	더 이상 비교가 필요 없는 영역 설정
4	반복 수행	더 이상 비교할 대상이 없을 때까지 반복

3 버블 정렬의 구현 예시

3.1 순수 버블 정렬의 구현

순수 버블 정렬의 구현 예시

```
void BubbleSort(int A[])
{
    for(int i=0; i<A.length-1; i++)
    {
         for(int j = 0; j<A.length-1- i; j++)  //fix Area 전까지 비교 작업 수행
         {
             if(A[j] > A[j + 1]){
             int tmep = A[j];    //Swap 연산 수행
             A[j] = A[j+1];
             A[j+1] = A[j];
            }
         }
    }
}
```

3.2 플래그를 사용한 버블 정렬의 구현

플래그를 사용한 버블 정렬의 구현 예시

```
void BubbleSort(int A[])
{
    for(int i=0; i<A.length-1; i++)
    {
      boolean flag = false;  //flag 설정
      for(int j = 0; j<A.length-1- i; j++)  //fix Area 전까지 비교 작업 수행
      {
         if(A[j] > A[j + 1])
         {
            int 스데 = A[j];     //Swap 연산 수행
            A[j] = A[j+1];
            A[j+1] = A[j]
```

```
                flag = true; //한번이라도 Swap이 있으면 True
            }
            if(flag == false) break; //변경사항이 없으면 이후 연산 Skip
        }
    }
}
```

참고자료

론 펜톤(Ron Penton). 2004. 『게임 프로그래머를 위한 자료 구조와 알고리즘(Data Structures for Game Programmers)』. 류광 옮김. 정보문화사.

http://www.wikipedia.org

삼성SDS 기술사회. 2014. 『핵심 정보통신기술 총서』. 한울아카데미.

기출문제

(104회 컴퓨터시스템응용 2교시) 1. 버블 정렬 알고리즘에 대해 다음 내용을 설명하라(오름차순 기준).

1) 플래그를 두지 않는 경우와 플래그를 두는 경우로 나누어 설명하고, 플래그를 두는 이유를 설명하라.

2) 다음 키 값을 갖는 파일을 버블 정렬 알고리즘을 적용해 정렬하는 과정을 나타내라(n=8 : 30, 50, 10, 80, 40, 60, 70, 90).

(95회 정보관리 2교시) 6. 다음은 C 언어로 작성된 버블 정렬 알고리즘 프로그램의 일부이다. 프로그램을 완성하라.

```
#include <stdion.h>
int main()
{
int data[5] = {2, 5, 1, 4, 3};
bubble(data, 5);
for(int i=0; i<5; i++) {
print("%d ", data[i]);
}
return 0;
}
```

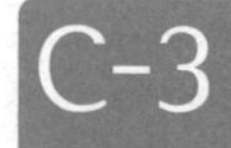

선택 정렬 Selection Sort

값을 반복적으로 '선택'해 교환하는 방식의 정렬이기 때문에 선택 정렬이라는 이름으로 통용되는 정렬 방식이다.

1 선택 정렬의 개요

1.1 선택 정렬의 정의

- 분류 대상 데이터에서 가장 크거나 작은 데이터를 데이터의 나열순으로 찾아가며 선택하는 방법이다. i(1≤i≤n)번째 작은 데이터를 찾아서 i번째 칸에 삽입, i번째 데이터와 i+1~n에 있는 데이터를 비교 교환한다.

1.2 선택 정렬의 특징

선택 정렬의 특징

특징	내용
느린 수행 시간	평균 시간복잡도가 $O(n^2)$
낮은 안정성	같은 값이 중복된 데이터의 경우 안정성을 보장하지 않음
복잡한 구현	버블 정렬에 비해 구현 자체가 복잡함

2 선택 정렬의 원리와 수행 절차

2.1 선택 정렬의 원리

선택 정렬의 원리

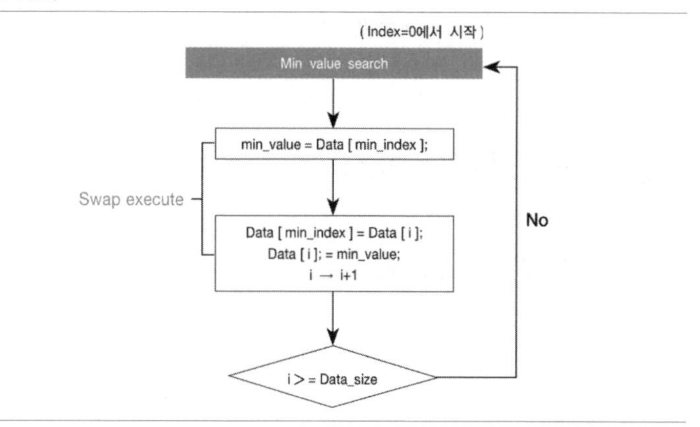

- 최솟값을 찾아 정렬되지 않은 영역의 제일 앞 데이터와 swap하는 것이 핵심이다.

2.2 선택 정렬의 수행 절차

선택 정렬의 수행 절차(오름차순)

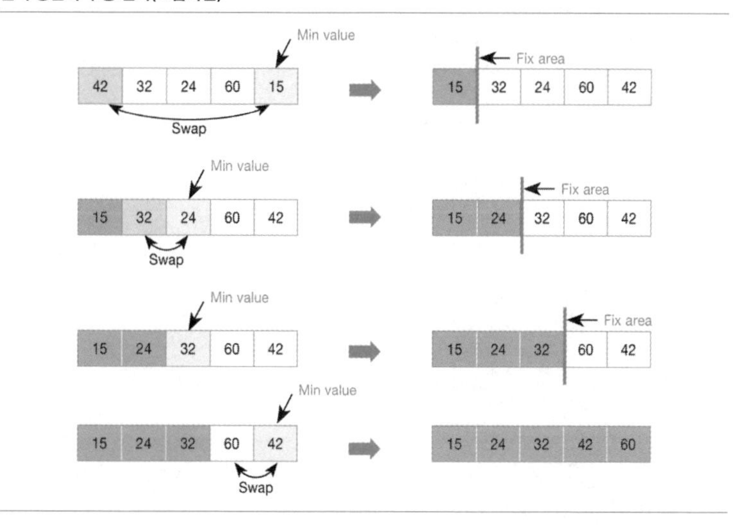

선택 정렬의 수행 단계

단계	항목	내용
1	최솟값 찾기	비정렬 영역에서 최솟값을 찾음
2	swap execute	비정렬 영역에서의 가장 앞 데이터와 최솟값을 swap
3	fix area index 증가	인덱스를 증가해 다음 swap될 위치를 설정
4	반복 수행	비교 대상이 없을 때까지 반복(데이터가 하나 남을 때까지)

3 선택 정렬의 구현 예시

3.1 선택 정렬의 오름차순 구현

선택 정렬의 오름차순 구현 예시

```
void SelectionSort(int A[])
{
        for(int i=0; i<A.length-1; i++) {
              int Min_index = Search_min(A, i);
              int temp = A[i];    //최솟값과 비정렬 부분 중 가장 앞 데이터와 Swap
              A[i] = A[Min_index];
              A[Min_index] = temp;
        }
}

int Search_min(int A[], int index)
{
       int min_index;
       int min_value = Integer.MAX_VALUE;
        for(int i= index; i<A.length-1; i++)  //비정렬 부분을 탐색하여 최솟값 찾기
       {
              if (A[i] < min_value)
              {
                     min_value = A[i];
                     min_index = i;
              }
       }
       return min_index;
}
```

3.2 선택 정렬의 내림차순 구현

선택 정렬의 내림차순 구현 예시

```
void SelectionSort(int A[])
{
        for(int i=0; i<A.length-1; i++) {
                int Max_index = Search_max(A, i);
                int temp = A[i];    //최댓값과 비정렬 부분 중 가장 앞 데이터와 Swap
                A[i] = A[Max_index];
                A[Max_index] = temp;
        }
}

int Search_max(int A[], int index)
{
       int max_index;
       int max_value = Integer.MIN_VALUE;    //가장 작은 값으로 초기화
        for(int i= index; i<A.length-1; i++)  //비정렬 부분을 탐색해 최댓값 찾기
       {
              if (A[i] > max_value)
              {
                max_value = A[i];
                max_index = i;
              }
       }
       return max_index;
}
```

참고자료

론 펜톤(Ron Penton). 2004. 『게임 프로그래머를 위한 자료 구조와 알고리즘(Data Structures for Game Programmers)』. 류광 옮김. 정보문화사.

http://www.wikipedia.org

삼성SDS 기술사회. 2014. 『핵심 정보통신기술 총서』. 한울아카데미.

삽입 정렬 Insertion Sort

이미 정렬된 레코드에 정렬되지 않은 레코드를 삽입시켜 정렬하는 방법으로, 미정렬 부분의 왼쪽으로부터 한 원소씩 꺼내어 정렬 부분에서 제자리에 찾아 삽입하는 정렬 방법이다.

1 삽입 정렬의 개요

1.1 삽입 정렬의 정의

- 분류 대상 데이터를 이미 분류가 된 곳의 적절한 위치에 삽입시키는 방법으로, 좌측으로 비교한다. 즉, i(1≤i≤n)번째 데이터를 1~i-1번째 데이터 사이에 삽입한다(삽입 후 1~i에 있는 데이터 간에는 대소 관계가 유지됨).

1.2 삽입 정렬의 특징

삽입 정렬의 특징

특징	내용
시간복잡도	평균 시간복잡도가 $O(n^2)$
안정 정렬	같은 값이 중복된 데이터의 경우에도 안정성 보장
간단한 구현	배열이 길어질수록 비효율적이지만, 구현이 간단

2 삽입 정렬의 원리와 수행 절차

2.1 삽입 정렬의 원리

삽입 정렬의 원리

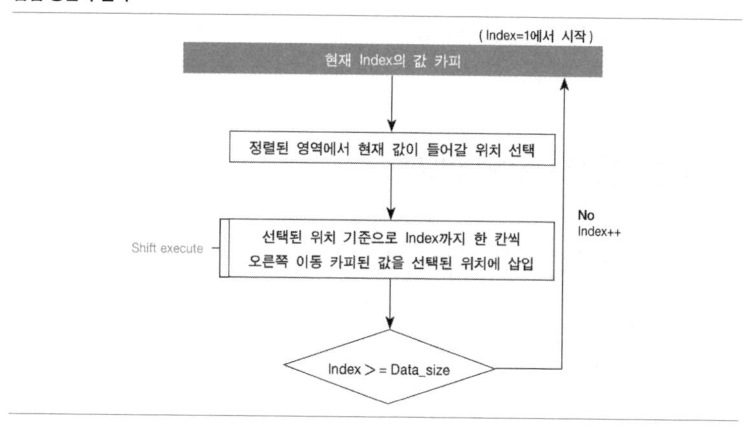

- 삽입된 부분의 뒤쪽 정렬된 데이터는 한 칸씩 뒤로 shift를 수행해주어야 한다.

2.2 삽입 정렬의 수행 절차

삽입 정렬의 수행 절차(오름차순)

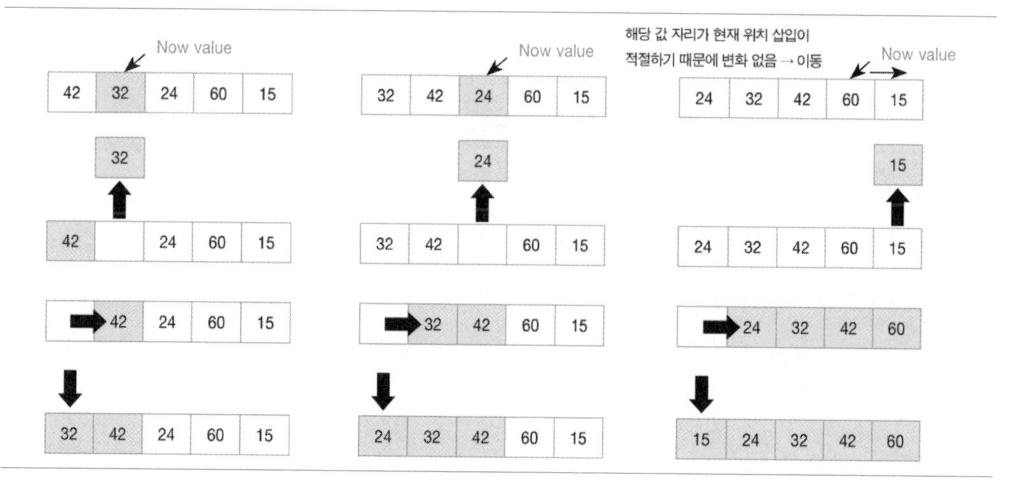

삽입 정렬의 수행 단계

단계	항목	내용
1	현재 값 추출	삽입을 수행할 데이터 값을 추출
2	삽입 위치 판단	선택한 값이 들어갈 적절한 삽입 위치를 판단
3	shift 연산	삽입 위치 이후부터 인덱스까지 데이터 shift 연산 수행
4	반복 수행	비교 대상이 없을 때까지 반복(index=size-1일 때까지)

3 삽입 정렬의 구현 예시

3.1 삽입 정렬의 오름차순 구현

삽입 정렬의 오름차순 구현 예시

```
void InsertionSort(int A[])
{
    for(int i=1; i<A.length-1; i++) {

        int insert_value = A[i];
        int insert_point = Search_insert_point(A, i);

        int loc = i-1;
        while (insert_point != loc){  //정렬 영역 + 선택index 범위까지 Shift연산
            A[loc+1] = A[loc];
            loc--;
        }
        A[insert_point] = insert_point;
    }
}

int Search_insert_point(int A[], int index)  //적절한 삽입 위치 찾기
{
    int insert_point = index;

    for(int i= 0; i<index; i++)  //정렬 부분을 탐색하여 삽입 포인트 찾기
    {
        if (A[i] > A[index])
        {
                insert_point = i;
                break;
        }
    }
    return insert_point;
}
```

3.2 삽입 정렬의 내림차순 구현

삽입 정렬의 내림차순 구현 예시

```
int Search_insert_point(int A[], int index)  //적절한 삽입 위치 찾기
{
    int insert_point = index;
    for(int i= 0; i<index; i++) ++)  //정렬 부분을 탐색하여 삽입 포인트 찾기
    {
        if (A[i] < A[index])  //해당 비교 연산을 반대로 하면 내림차순 구현이 가능
     {
    insert_point = i;
    break;
     }
    }
    return insert_point;
}
```

- 본 예시에서는 이해를 돕기 위해 for문(전체 탐색)을 이용해 삽입 위치를 탐색했으나, 실제로는 이진 탐색을 사용하는 것이 일반적이다. 시간복잡도 측면에서 전체 탐색은 O(n), 이진 탐색은 O($\log_2$n)으로 이진 탐색이 탐색 성능이 더 우수하기 때문이다.

참고자료

론 펜톤(Ron Penton). 2004.『게임 프로그래머를 위한 자료 구조와 알고리즘(Data Structures for Game Programmers)』. 류광 옮김. 정보문화사.
http://www.wikipedia.org
삼성SDS 기술사회. 2014.『핵심 정보통신기술 총서』. 한울아카데미.

기출문제

(90회 정보관리 2교시) 4. 정렬 알고리즘의 하나인 삽입 정렬 알고리즘을 기술하고 이 알고리즘이 어떤 경우에 효과적인지 설명하라. 또한 평균 연산 시간(Big O)과 최악의 연산 시간을 근거와 함께 설명하라.

병합 정렬 Merge Sort

정렬하고자 하는 데이터 셋을 작은 크기의 문제로 분할하고 분할된 데이터 셋을 정렬 후 정렬된 다른 데이터 셋과 다시 병합해가면서 전체 데이터를 정렬하는 방법이다.

1 병합 정렬의 개요

1.1 병합 정렬의 정의

- 분할 정복법divide and conquer을 이용해 데이터 집합을 분할하고 분할된 문제를 정복한 후, 정복된 문제(정렬된 데이터)를 지속적으로 합병하는 방식으로 정렬한다.

1.2 병합 정렬의 특징

병합 정렬의 특징

특징	내용
시간복잡도	평균 시간복잡도가 $O(n\log_2 n)$
분할 정복법	전체 데이터를 1/2로 분할 수행, 가장 작은 단위가 되면 해결&병합
재귀적 구현	분할&합병 과정은 프로그래밍상 보통 재귀 함수로 구현

2 병합 정렬의 원리와 수행 절차

2.1 병합 정렬의 원리

병합 정렬의 원리

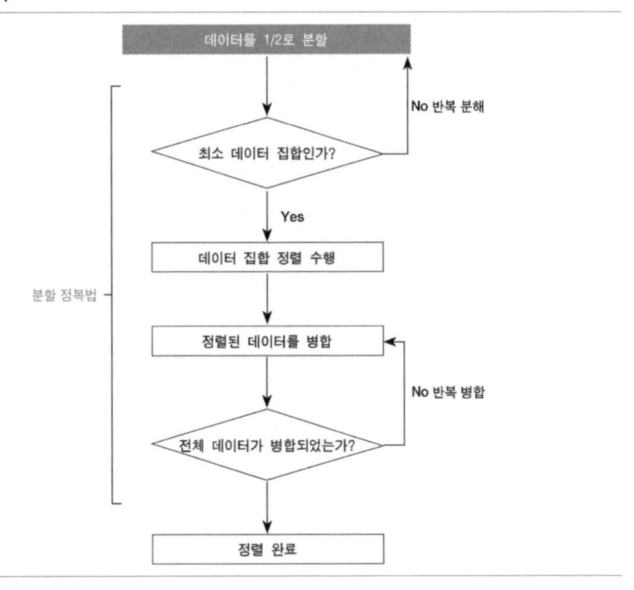

2.2 병합 정렬의 수행 절차

병합 정렬의 수행 절차

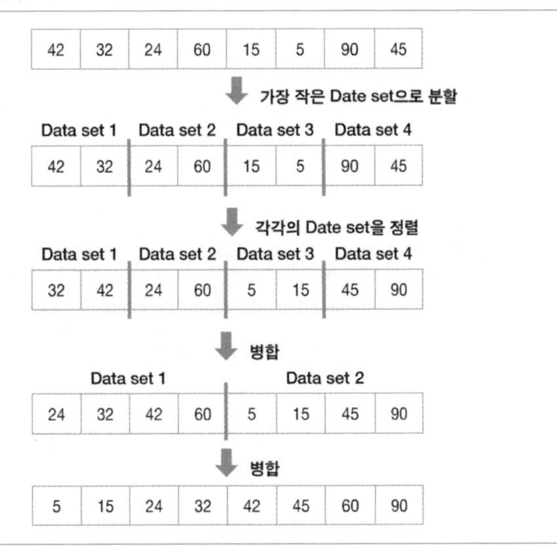

- 정렬된 데이터 셋을 합병할 때 인덱스를 사용해 n의 시간복잡도로 합병 해야 한다.

병합 정렬의 수행 절차

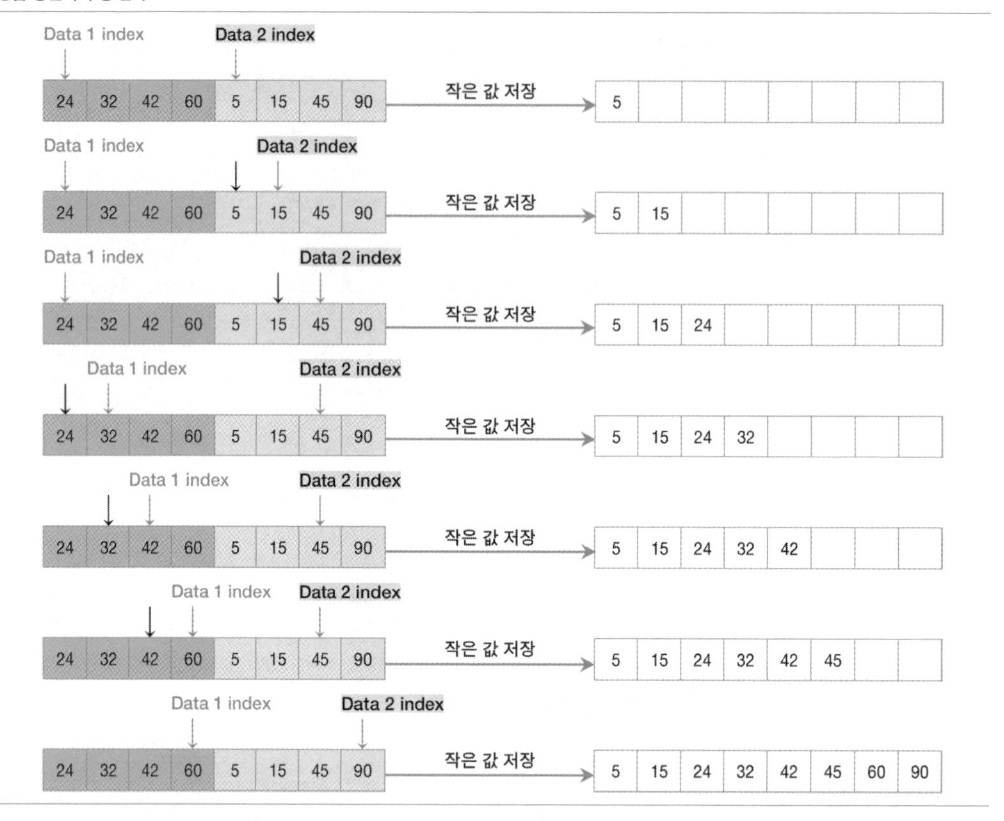

- 위 그림을 학습하면 데이터 셋의 합병이 n의 시간복잡도로 수행된다는 것을 증명할 수 있다(인덱스의 이동 횟수=시간복잡도).

병합 정렬의 수행 단계

단계	항목	내용
1	분할	데이터를 가장 작은 단위(보통2개의 데이터)로 분할
2	정복	분할된 데이터 셋을 정렬수행
3	합병	정렬된 2개의 데이터 셋을 하나의 정렬 셋으로 합병
4	반복 수행	정렬된 데이터 셋의 크기가 전체가 될 때까지 반복 수행

3 병합 정렬의 구현 예시

3.1 병합 정렬의 구현

병합 정렬의 구현 예시

```
void MergeSort(int A[],int Start,int End){
    if(Start<End){
        int Middle = (Start+End)/2;    // 전체 배열을 절반으로 나눈다.

        // 재귀 함수를 통하여 분할 정복의 방법을 사용한다.
        MergeSort(A,Start,Middle);
        MergeSort(A,Middle+1,End);

        //각각 정렬된 데이터 셋을 Merge 해주는 함수
        Merge(A, Start, Middle, End);
    }
}
```

3.2 병합 정렬의 함수 구현

병합 정렬의 함수 구현 예시

```
void Merge(int A[], int Start, int Middle, int End){

    int arr_size = End-Start+1;
    int first_index = Start;
    int second_index = Middle +1;
    int temp[] = new int[arr_size];  //Merge 하려는 데이터와 동일한 크기의 임시 배열을 선언한다.
    for(int i=0 ; i<arr_size ; i++)  //Merge 하려는 데이터의 갯수만큼 반복문 수행
    {
        //두 데이터 셋을 index 값을 활용해 Merge를 수행한다.
        if(A[first_index]<A[second_index])
        {
            temp[i] = A[first_index];
            first_index++;
        }
        else
        {
            temp[i] = A[second_index];
            second_index++;
        }
    }

    for(int i=0 ; i<arr_size ; i++) // 임시 배열을 실제 데이터 배열에 Copyg한다.
    {
        A[Start+i] = temp[i];
    }
}
```

참고자료

론 펜톤(Ron Penton). 2004. 『게임 프로그래머를 위한 자료 구조와 알고리즘(Data Structures for Game Programmers)』. 류광 옮김. 정보문화사.
http://www.wikipedia.org
삼성SDS 기술사회. 2014. 『핵심 정보통신기술 총서』. 한울아카데미.

퀵 정렬 Quick Sort

평균적으로 빠른 정렬 속도를 가지고 있다고 해서 퀵 정렬이라고 명명된다. 전체에 대해서 한 번에 정렬하는 것이 아닌 기준 값을 중심으로 값이 큰 집합과 작은 집합으로 분할하는 것이 핵심이다.

1 퀵 정렬의 개요

1.1 퀵 정렬의 정의

- 기준 값을 선정해서 기준 값보다 적은 데이터는 왼쪽, 큰 데이터는 오른쪽으로 이동시켜 정렬하는 방식이다. 기준 값의 선정이 전체 성능에 중요한 영향을 준다.

1.2 퀵 정렬의 특징

퀵 정렬의 특징

특징	내용
시간복잡도	평균 시간복잡도가 $O(n\log_2 n)$
기준 값	기준 값을 어떻게 선정하는가에 따라 시간복잡도에 영향
재귀적 구현	재귀 함수 분할을 통해 정렬하는 방식

2 퀵 정렬의 원리와 수행 절차

2.1 퀵 정렬의 원리

퀵 정렬의 원리

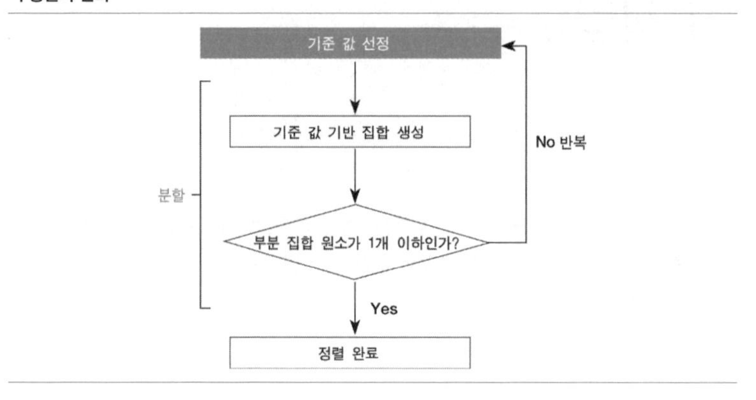

2.2 퀵 정렬의 수행 절차

퀵 정렬의 수행 절차

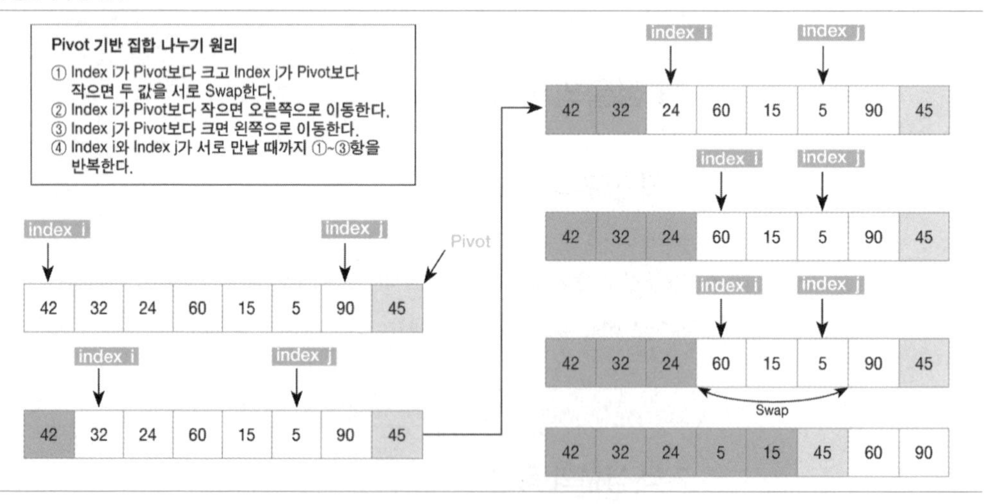

- 나뉘진 집합을 다시 기준 값을 선정해 분할하는 작업을 반복한다.

퀵 정렬의 수행 단계

단계	항목	내용
1	기준 값 선정	데이터를 판별한 기준 값을 선정
2	분할	기준 값을 기준으로 큰 집합과 작은 집합으로 나눔
3	기준 값 재선정	나눠진 집합 내에서 다시 기준 값 선정
4	반복 수행	나눠진 집합의 원소 개수가 1 이하가 될 때까지 반복

3 퀵 정렬의 구현 예시

3.1 퀵 정렬의 구현

퀵 정렬의 구현 예시

```
void QuickSort(int A[], int Start, int End)
{
        if (Start < End)  // index가 만날 때까지
        {
               //pivot 값을 기반으로 분할
               int divide_index = Divide(A, Start, End);

              //나눠진 집합들을 각각 다시 재귀함수로 정렬
              QuickSort(A, Start, divide_index-1);    //왼쪽 배열 정렬
              QuickSort(A, divide_index+1, End);      //오른쪽 배열 정렬
        }
}
```

3.2 Divide 함수의 구현

Divide 함수의 구현 예시

```
int Divide(int A[], int Start, int End)
{
    int pivot = A[Start]; // 편의상 배열의 첫 번째 값을 pivot으로 선정

    int i = Start+1;
    int j = End;

    while(i!=j)
    {
        if(A[i]>pivot&&A[j]<pivot)  // 왼쪽 값이 pivot보다 크고 오른쪽 값이 pivot값보다 작으면 Swap
        {
            int temp = A[i];
            A[i] = A[j];
            A[j] = temp;
```

```
            i++; j--; // index 이동
        }
        else
        {
            if(A[i]<pivot)  // 왼쪽 값이 이미 pivot보다 작으면 이동
            {
                i++;
            }
            if(A[j]>pivot) // 오른쪽 값이 이미 pivot보다 크면 이동
            {
                j--;
            }
        }

    }
}
```

참고자료

론 펜톤(Ron Penton). 2004. 『게임 프로그래머를 위한 자료 구조와 알고리즘(Data Structures for Game Programmers)』. 류광 옮김. 정보문화사.

http://www.wikipedia.org

삼성SDS 기술사회. 2014. 『핵심 정보통신기술 총서』. 한울아카데미.

기출문제

(105회 정보관리 4교시) 6. 퀵 정렬 알고리즘에 대해 설명하고 아래의 C 언어 소스 코드에서 필요시 함수 등을 추가해 완성하라(단, 정렬 순서는 오름차순).

```
#include <stdio.h>

#include<string.h>

void QuickSort(int *data, int n)
{
}
void main()
{
 char data[8] = {'B','I','D','O','Z','L','H'};
 puts(data);
 QuickSort(data,7);
 puts(data);
}
```

(99회 정보관리 4교시) 2. 퀵 정렬 알고리즘을 설명하고, 다음 데이터를 퀵 정렬 알고리즘을 사용해서 정렬하는 과정을 설명하시오. 30, 15, 16, 24, 38, 33, 17, 29, 32

기수 정렬 Radix Sort

정수의 자리 수의 숫자를 기준으로 큐에 저장하고, 이후 기준이 되는 자리 수를 바꿔가면서 정렬을 수행하는 방법이다.

1 기수 정렬의 개요

1.1 기수 정렬의 정의

- 데이터를 직접적으로 비교하지 않고 각각 자리수의 값을 비교해 데이터를 정렬하는 방법이다.

1.2 기수 정렬의 특징

기수 정렬의 특징

특징	내용
시간복잡도	평균 시간복잡도가 O(kn)(k: 비교 데이터의 자리 수)
자리 수 정렬	데이터 값을 직접 비교하는 것이 아니라 각각의 자리 수 비교 방식
데이터 제한	양의 정수 값의 데이터 간의 정렬만 가능한 방식
복잡한 구현	구현 방식이 상대적으로 복잡함

2 기수 정렬의 원리와 수행 절차

2.1 기수 정렬의 원리

기수 정렬의 원리

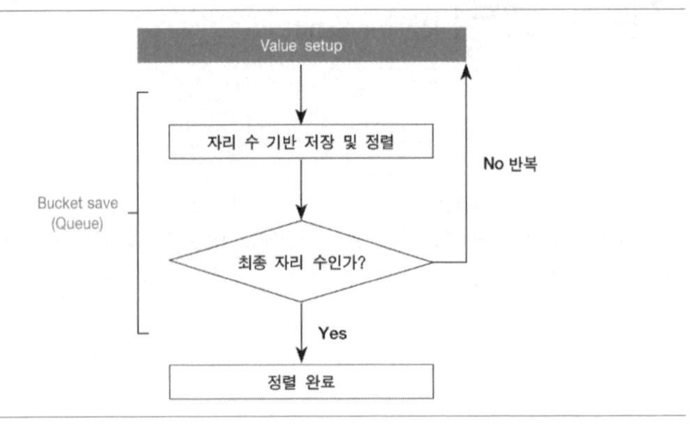

2.2 기수 정렬의 수행 절차

기수 정렬의 수행 절차

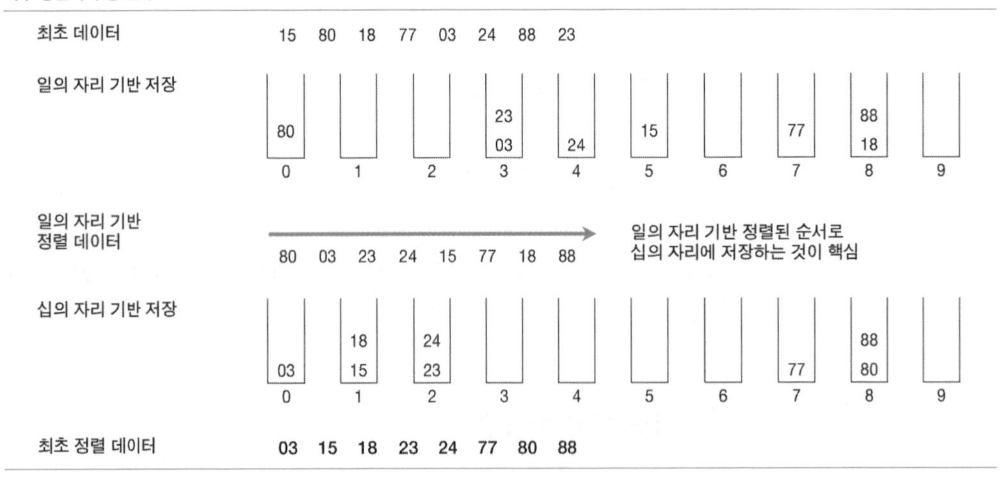

- 자리 수의 위치별 데이터 저장을 통해 자연스럽게 전체 순서가 정해지는 방식이다.

기수 정렬의 수행 단계

단계	항목	내용
1	데이터 셋업	정렬하는 데이터들의 자리 수 파악 및 셋업
2	버킷 생성	일반적으로 10개(0~9)의 버킷을 생성
3	버킷에 데이터 저장	해당 자리 수의 값만을 기준으로 버킷에 데이터 저장
4	반복 수행	기준이 되는 자리 수가 마지막 자리 수까지 반복 실행

- 기수 정렬은 정렬 알고리즘에서 드물게 선형 시간복잡도 O(kn)를 가지고 있으며 자리 수가 고정되어 있기 때문에 안정성이 보장되는 정렬이다.

3 기수 정렬의 구현 예시

3.1 기수 정렬의 구현

기수 정렬의 구현 예시

```
public static void Radix_Sort(int[] data, int max_size)
{
    ArrayList<Queue> bucket = new ArrayList();
    int jarisu = 1;
    for(int i=0;i<10;i++)     //양의 정수의 자리수는 10개이므로 (0~9) 10개의 자리수 생성
    {
        bucket.add(new PriorityQueue<Integer>(10));
    }
    int count = 0;
    while(count!=max_size)  //최대 자리수만큼 반복
    {
        int index =0;
        for(int i=0; i<data.length;i++)
        {
            // 자리수에 있는 Valu값을 기반으로 버켓에 저장을 수행함
               bucket.get((data[i]/jarisu)%10).add(data[i]);
        }
          //버켓 데이터를 기반으로 해당 자리수 기반 정렬된 데이터를 배열에 다시 저장함
          for(int i=0;i<10;i++)
          {
                int bucket_num = bucket.get(i).size();
                for(int j=0;j<bucket_num;j++)
                {
                    data[index] = (int)bucket.get(i).poll();
                    index++;
                }
          }
```

```
        jarisu = jarisu * 10;  //자리수 증가
        count++;
    }
};
```

참고자료

론 펜톤(Ron Penton). 2004. 『게임 프로그래머를 위한 자료 구조와 알고리즘(Data Structures for Game Programmers)』. 류광 옮김. 정보문화사.

http://www.wikipedia.org

삼성SDS 기술사회. 2014. 『핵심 정보통신기술 총서』. 한울아카데미.

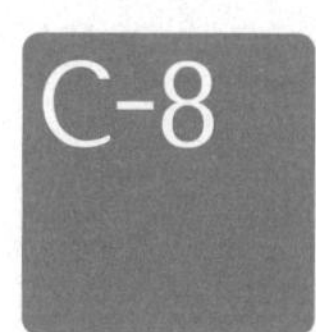

힙 정렬 Heap Sort

주어진 데이터 집합을 힙으로 구성한 후 하나씩 힙에서 제거하는 연산으로 정렬한다.

1 힙 정렬의 개요

1.1 힙 정렬의 정의

- 최대 힙 트리나 최소 힙 트리를 구성해 정렬하는 방법으로서, 내림차순 정렬을 위해서는 최대 힙, 오름차순 정렬을 위해서는 최소 힙을 구성해 정렬할 수 있다.

1.2 힙 정렬의 특징

힙 정렬의 특징

특징	내용
완전 이진 트리	N개의 노드에 대해 완전 이진 트리를 구성
배열 저장 선호	일반적으로 배열에 저장하는 것이 효율적이라고 알려짐
시간복잡도	평균 시간복잡도가 $O(n \log_2 n)$

2 힙 정렬의 원리와 수행 절차

2.1 힙 정렬의 원리

힙 정렬의 원리

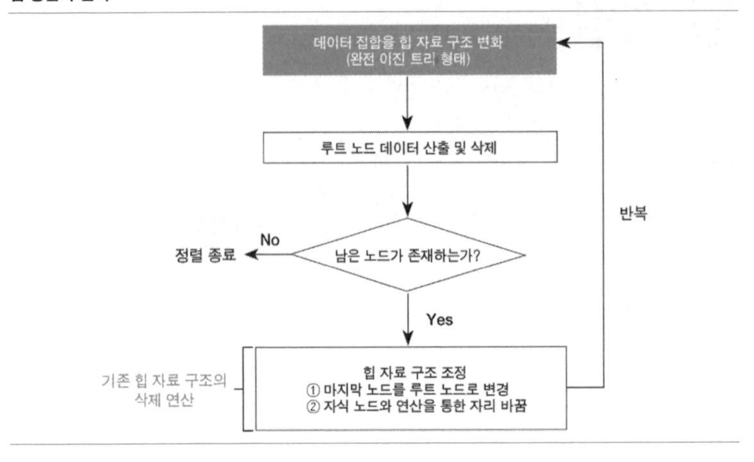

2.2 힙 정렬의 수행 절차

- 데이터 집합의 힙 자료 구조의 저장 절차

힙 자료 구조의 저장 절차

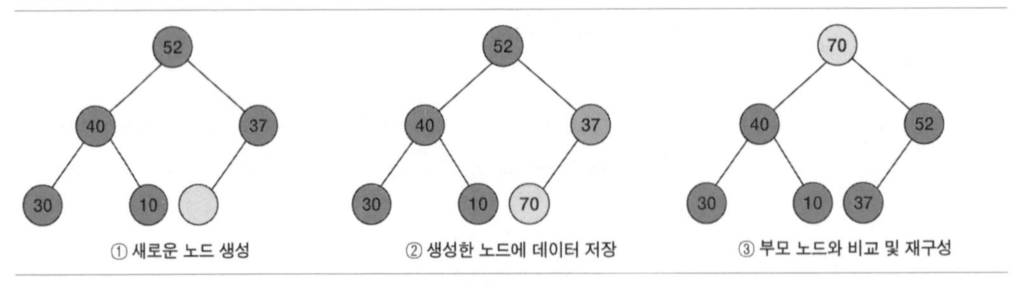

힙 자료 구조의 저장 절차

단계	항목	내용
1	노드 생성	새로운 데이터를 저장할 수 있는 신규 노드 생성
2	데이터 저장	신규 노드에 데이터를 저장
3	위치 재구성	새로운 노드와 부모 노드와의 비교를 통한 노드 위치 재구성
4	반복 수행	모든 데이터가 힙 자료 구조에 저장될 때까지 반복

– 데이터 집합의 힙 정렬(자료 삭제) 수행 절차

힙 정렬의 절차

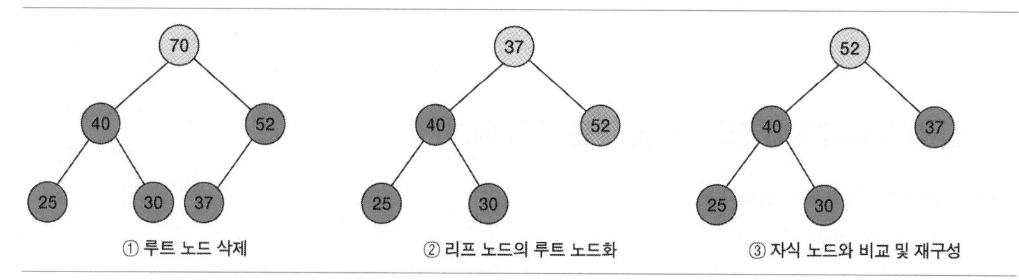

힙 정렬의 절차

단계	항목	내용
1	루트 노드 삭제	루트 노드의 값을 추출함과 동시에 삭제를 수행
2	루트 노드 변경	가장 끝에 있는리프 노드를 루트 노드로 변경
3	위치 재구성	새로운 루트 노드와 자식 노드와의 비교를 통한 재구성
4	반복 수행	노드의 개수가 0이 될 때까지 해당 작업 반복

3 힙 정렬의 구현 예시

3.1 힙 정렬의 데이터 구축 부분 구현 예시

힙 정렬의 데이터 구축 부분 구현 예시

```
void insert_heap(int data, int[]heap, int now_index) {

 int i;

 if(heap[heap.length-1]!=0) {  //heap이 꽉차 있으면 종료한다.

        System.out.println("heap is full!");
 }

 i = now_index;

 heap[i] = data;

 while((i!=1)&&(heap[i]>heap[i/2])) {   //root Node가 되거나 부모노드보다 작을 때까지 위치 재지정

  int temp = heap[i];
  heap[i] = heap[i/2];
  heap[i/2] = temp;
```

```
        i /= 2;
    }
}
```

3.2 힙 정렬의 데이터 정렬(삭제) 부분 구현 예시

힙 정렬의 데이터 정렬(삭제) 부분 구현 예시

```
public int deleteHeap(int[]heap, int size) {

        int root = heap[1];  // root 값 세팅
        int leaf = heap[size--];  //가장 마지막 노드의 값 저장
        int parent_index = 1;  //처음 비교 부모의 index 값
        int child_index = 2;  //처음 비교할 자식의 index 값

        while (parent_index <= size) {  //힙 크기가 넘어갈 때까지 비교

                //비교할 depth가 더 존재한다면 index 변경
                if ((child_index < size) && (heap[child_index] < heap[child_index + 1]))
                {
                        child_index++;
                }

                //자식 노드보다 내가 더 크면 비교 멈춤
                if (leaf >= heap[child_index])
                {
                        break;
                }

                //아니면 두 노드의 위치를 SWAP함
                heap[parent_index] = heap[child_index];
                parent_index = child_index;
                child_index *= 2;
        }

        heap[parent_index] = leaf;
        return root;
        }
}
```

참고자료

론 펜톤(Ron Penton). 2004. 『게임 프로그래머를 위한 자료 구조와 알고리즘(Data Structures for Game Programmers)』. 류광 옮김. 정보문화사.

http://www.wikipedia.org

삼성SDS 기술사회. 2014. 『핵심 정보통신기술 총서』. 한울아카데미.

D
확률과 통계

D-1. 기초통계
D-2. 통계적 추론
D-3. 분산분석
D-4. 요인분석
D-5. 회귀분석
D-6. 다변량분석
D-7. 시계열분석
D-8. 범주형 자료 분석

D-1

기초통계 Basic Statistics

조사 대상의 일부에서 추출한 표본으로 전체 모집단에 대해 추론할 수 있는 논리적 근거는 통계적 확률에 기초한 분포 이론을 이용하는 것이다. 통계적 방법에서 기본적으로 이용되는 확률변수의 개념과 확률분포, 확률분포에서 얻은 통계량 및 이와 관련된 분포에 대해 알아보자.

1 확률변수와 확률분포의 개념

1.1 확률변수와 확률밀도함수

동전 1개를 던졌을 때 앞면이 나오는 경우를 H, 뒷면이 나오는 경우를 T로 표시하면 표본 공간은 S={H, T}로 표시할 수 있고 확률은 P(H)=P(T)=1/2가 된다. 이때 표본 공간에서 Y(H)=1, Y(T)=0로 함수 Y를 정의하면, Y는 표본 공간 S에서 정의된 함수로서 Y=0와 Y=1에 대응하는 확률은 1/2라고 할 수 있다. 이처럼 표본 공간에서 정의된 실수 값 함수를 확률변수random variable라 하고 실험 결과 Y의 값이 a에 대응할 때 Y는 a의 값을 취한다고 한다. 이때 확률변수 T가 취할 수 있는 모든 값을 y_1, y_2, y_3로 셀 수 있는 경우 이산확률변수라 하고 적절한 구간 내의 모든 값을 취하는 경우를 연속확률변수라고 한다.

확률변수 Y의 가능한 값들이 분포되어 있는 상태를 나타내는 함수 T를 확률밀도함수라고 하며 이 함수는 이산확률변수인 경우 다음과 같다.

$$f(y_i) \geq 0, \sum_{\text{모든 } y_i} f(y_i) = 1$$

연속확률변수의 경우 구간 (a, b)에서의 성질은 다음과 같다.

$$f(y) \geq 0, \int_a^b f(y)dy = 1$$

확률밀도함수에서 확률분포의 값들은 0과 1 사이의 값을 갖고 모든 값들의 합은 1이 되어야 한다.

1.2 확률변수의 기대치와 성질

확률변수 Y의 확률밀도함수가 f(y)일 때 E(Y)를 확률변수 Y의 평균 또는 기대치라고 한다.

$$E(Y) = \sum_{\text{모든 } Yi} y_i f(y_i)(\text{이산확률변수})$$
$$\int_a^b yf(y)dy$$

또 확률변수 Y의 확률분포가 분석 대상인 모집단의 분포에 대한 이론적 모형으로 사용될 때는 Y의 평균 E(Y)를 모평균population mean이라고 하며, 흔히 μ로 표시한다. 즉, μ=E(Y)로 정의된다.

한편 확률변수 Y의 평균을 μ라고 할 때 중심치의 측도인 μ로부터 떨어진 척도를 나타내는 양으로 다음을 생각할 수 있다.

$$E[(Y-\mu)^2] = \sum_{\text{모든 } y_i} (y_i - \mu)^2 f(y_i)(\text{이산확률변수})$$
$$\int_a^b (y-\mu)^2 f(y)dy(\text{연속확률변수})$$

이를 확률변수 Y의 분산variance이라고 부르고, 기호로는 Var(Y) 또는 σ^2으로 나타낸다. 그러나 확률변수 Y의 분산은 $(Y-\mu)^2$의 기댓값이므로 원래의 Y와 그의 분산은 단위가 다르다. 따라서 실제로 같은 단위에서의 산포에 대한 측도가 요구될 때 분산의 제곱근을 취해 이를 표준편차standard deviation라고 하며 기호로는 Sd(Y) 또는 σ를 사용한다.

기댓값의 성질을 이용하여 분산을 간편하게 계산하면 다음과 같다.

$$\begin{aligned}\sigma^2 = Var(Y) &= E[(Y-\mu)^2] = E(Y^2 - 2\mu Y) + \mu^2) \\ &= E(Y^2) - 2\mu E(Y) + \mu^2 \\ &= E(Y^2) - \mu^2\end{aligned}$$
$$\sigma = Sd(Y) = \sqrt{\sigma^2}$$

또 기댓값과 분산의 성질로부터 a, b가 상수일 때 $Var(aY+b)=a^2Var(Y)$이며 표준화된 확률변수는 평균 0, 분산 1이 된다.

$$Z=\frac{Y-E(Y)}{Sd(Y)}$$

1.3 확률변수의 독립성

두 확률변수 X와 Y의 결합분포는 모든 (x, y)에서 $f(x, y)=f_1(x)f_2(y)$가 성립할 때 X와 Y가 서로 독립independent이라고 하며 X와 Y가 서로 독립이 아닌 경우는 서로 종속dependent이라고 한다.

두 확률변수 X와 Y가 서로 독립이면 다음과 같은 수식이 성립한다.

$$\begin{aligned} E(XY) &= \sum_{i=1}^{\infty}\sum_{j=1}^{\infty} x_i y_j f(x_i, y_j) \\ &= \sum_{i=1}^{\infty}\sum_{j=1}^{\infty} x_i y_j f(x_i) f(y_j) \\ &= \sum_{i=1}^{\infty} x_i f(x_i) \sum_{j=1}^{\infty} y_j f(y_j) \\ &= E(X)E(Y) \end{aligned}$$

또한 $Cov(X, Y)=E(XY)-E(X)E(Y)=0$가 되어 $VAR(X\pm Y)=Var(X)+Var(Y)$임을 알 수 있다.

2 이산확률분포

2.1 이항분포 Binomial Distribution

실험 또는 관찰을 독립적으로 시행할 때 오직 가능한 2개의 결과만이 나타나는 경우를 베르누이 시행Bernoulli trial이라고 하며, 이때 각각의 결과를 성공(S)과 실패(F)로 하고 각각의 확률을 p, q=1-p라고 하면 성공 확률과 실패 확률의 합은 1이 된다. 이러한 베르누이 시행을 n회 반복했을 경우, 성공 횟수를 Y라고 하면 이때의 확률변수 Y를 시행 횟수 n과 성공률 p를 갖는 이항분포binomial distribution라고 한다.

일반적으로 n회의 베르누이 시행에서 y회의 성공과 (n-y)회의 실패가 있는 경우의 수는 $\binom{n}{y}$이며 각 경우의 확률은 $p^y q^{n-y}$이다.

$$P(Y=y)=\binom{n}{y}p^y q^{n-y}(y=0,\ 1,\ 2,\ ...,\ n)$$

그리고 이것이 이항확률분포binomial probability distribution의 확률밀도함수이다.

2.2 포아송 분포 Poisson Distribution

단위 시간이나 공간에서 어떤 사건의 출현 횟수를 Y로 정의할 때 확률변수 Y의 분포는 일반적으로 포아송 분포를 따른다. 예를 들어 인쇄물 1페이지당 틀린 글자 수, 도시의 1일 교통 사고 수, 단위 시간 내의 전화 신청 횟수 등은 모두 포아송 분포를 따르는 것으로 알려져 있다. 이항분포에서 p=1/2이면서 n이 증가하면 정규분포에 접근하게 되지만 n이 크고 평균인 np가 15보다 적은 경우가 많다. 이러한 경우에 이항분포는 한쪽으로 치우치게 되어 정규분포에 충분히 접근하지 못한다. 이러한 경우를 위해 S.D. 포아송은 n이 크고 동시에 p가 0에 접근할 때 μ=np를 일정하도록 하는 분포함수를 찾았다.

즉, Y를 성공 횟수라고 할 때 다음 수식을 포아송 분포라고 한다.

$$f(y)=\frac{e^{-m}m^y}{y!}(y=0,\ 1,\ 2,\ ...)$$

포아송 분포의 평균과 분산은 각각 μ=m, σ^2=m로서 평균과 분산이 같다.

3 연속확률분포 Continuous Probability Distribution

3.1 균일분포 Uniform Distribution

주어진 구간 (a, b)에서 확률변수 Y의 분포가 균일한 확률밀도함수를 균일분포uniform distribution라고 하며 다음과 같은 함수를 갖는다.

$$f(y)=\begin{cases}\dfrac{1}{b-a} & ,\ a\le y\le b \\ 0 & ,\ \text{다른 구간}\end{cases}$$

즉, 균일분포의 확률밀도함수는 (a, b) 구간 내에서 상수이다.

균일분포의 평균과 분산은 다음과 같다.

$$\mu = \frac{a+b}{2}, \quad \sigma^2 = \frac{(b-a)^2}{12}$$

특히 a=0, b=1인 경우를 구간 (0, 1)에서의 균일분포라고 하는데 확률밀도함수는 f(y)=1, 0≤y≤1가 되며 컴퓨터 시뮬레이션에서 중요한 역할을 한다.

3.2 정규분포 Normal Distribution

정규분포는 연속분포 중 가장 중요한 분포로 가우스가 측정오차의 연구 중 발견했으며 가우스 분포라고도 한다. 정규분포는 도표화되어 있어 이용하기에 편리하고, 사람의 키나 몸무게 또는 농작물의 수량 등 많은 1차원적 관측치들이 정규분포를 하며, 비록 정규분포를 하지 않는 특성이라도 간단히 제곱곱($\sqrt{x}$)이나 대수(log) 등의 변환을 통해 정규화가 가능하다. 또한 원래의 모집단이 정규분포를 하지 않더라도 거기에 추출된 표본들의 평균의 분포는 표본 수가 커짐에 따라 정규분포를 하게 된다는 중심극한정리 central limit theorem 등으로 인해 통계적 추론에 광범위하게 사용된다. 정규분포는 평균 값 μ와 표준편차 σ에 의해 결정되는 분포로서 확률밀도함수는 다음과 같다.

$$f(y) = \frac{1}{\sqrt{2\pi\sigma^2}} e^{\frac{-(Y-\mu)^2}{2\sigma^2}} \quad (-\infty < y < \infty)$$

정규분포의 형태는 종형으로서 좌우대칭이다.

특히 정규분포를 평균이 0, 표준편차가 1인 분포로 만들기 위해 다음과 같이 변환시킨 분포를 표준정규분포 standard normal distribution 라고 한다.

$$Z = \frac{Y-\mu}{\sigma}$$

그리고 이에 대응하는 확률변수 Z의 확률밀도함수는 다음과 같다.

$$f(z) = \frac{1}{\sqrt{2\pi}} e^{\frac{-z^2}{2}} \quad (-\infty < z < \infty)$$

정규분포의 형태와 위치는 두 모수인 μ와 σ^2에 따라 달라진다.

정규분포의 형태(종형, 좌우대칭)

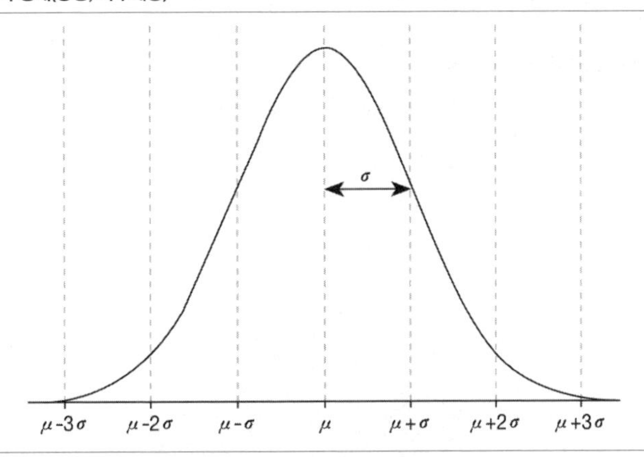

모수 μ와 σ^2에 따라 달라지는 정규분포의 형태와 위치

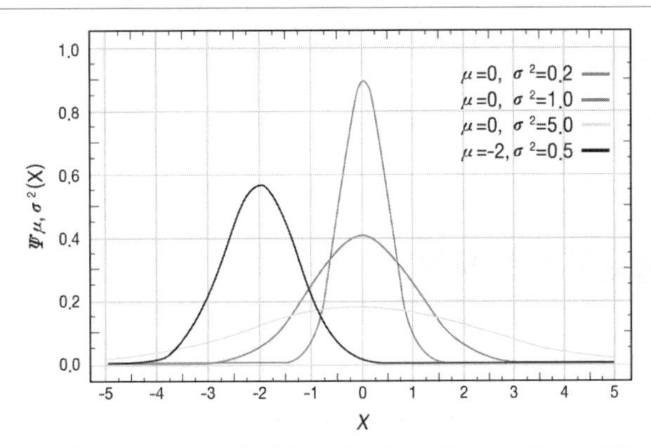

표준화된 정규분포의 형태와 위치는 다음과 같다.

표준화된 정규분포의 형태와 위치

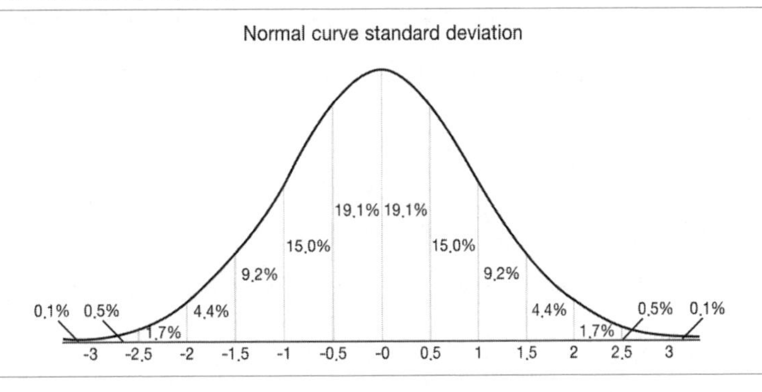

표준정규분포에서 Z가 z보다 클 확률을 표시하면 다음과 같다.

표준정규분포에서 Z가 z보다 클 확률

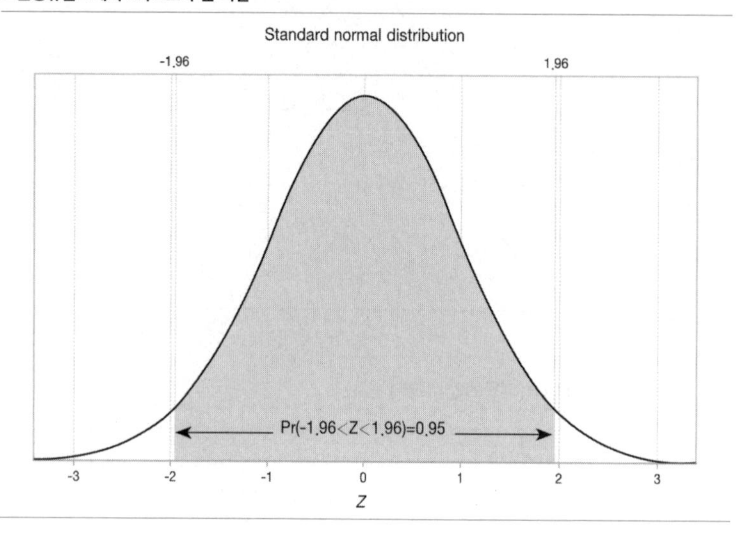

4 확률표본과 통계량

확률변수 $Y_1, Y_2, \ldots, Y_n$이 모집단 분포와 동일한 확률밀도함수를 갖고 그들의 결합확률밀도함수가 주변밀도함수의 곱과 같으며 서로 독립적이고 동일한 분포를 따르는 확률변수들을 확률표본random sample이라고 한다. 따라서 $Y_1, Y_2, \ldots, Y_n$은 추출 과정에서 나타날 수 있는 모든 값을 택할 수 있으며 추출된 자료를 $y_1, y_2, \ldots, y_n$이라고 하면, 이 확률표본을 이용해 모집단의 분포에 대한 추론을 하게 된다. 한편 통계량이란 모집단의 특성을 추론하기 위해 확률표본을 사용해 정의된 함수로서, 가령 표본평균sample mean은 다음과 같이 정의된다.

$$\overline{Y} = \frac{\sum_{i=1}^{n} Y_i}{n}$$

그리고 표본분산sample variance은 모평균 μ 및 모분산 σ^2의 추론에 사용된다.

$$S^2 = \frac{\sum_{i=1}^{n} (Y_i - \overline{Y})^2}{n-1}$$

통계량은 확률변수이므로 확률분포를 갖게 되는데 일반적으로 통계량의 확률분포를 표본분포sampling distribution라고 한다. 통계량이 어떤 값을 어느 정도의 빈도로 갖는가는 표본분포에 의해 결정되므로 통계적 추론에서는 표본분포가 중요한 역할을 한다.

5 통계량의 분포와 기대치

모집단의 분포 형태에 관계없이 n개 표본의 평균치 $\overline{Y}$의 분포는 n이 커지면 평균치가 μ이고 분산이 σ^2/n인 정규분포에 접근한다.

즉, 평균 $E(\overline{Y})$와 표준편차는 다음과 같다.

$$E(\overline{Y}) = \mu, \ Sd(\overline{Y}) = \frac{\sigma}{\sqrt{n}}$$

여기에서 평균치 $\overline{Y}$(통계량)의 표준편차를 표준오차 standard error라고 하며, 특히 모집단이 정규분포를 하지 않는 경우라도 n이 크면 확률적으로 추출된 표본평균치 $\overline{Y}$의 분포는 정규분포를 따른다고 보아도 지장이 없다(중심극한정리). 그러나 지수분포와 같이 기울어진 분포의 경우에는 $n \geq 30$이 되지 않으면 평균치의 분포는 정규분포에 접근하지 않는다.

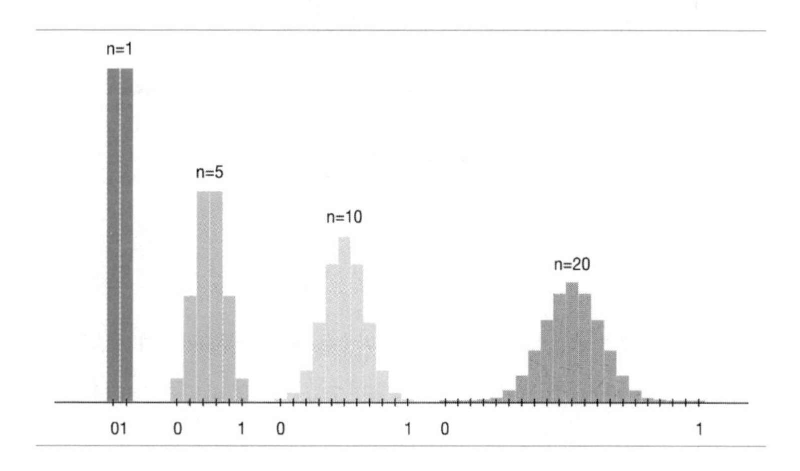

6 정규 모집단에서의 표본분포

6.1 카이제곱분포 Chi-Square Distribution

표준정규분포 N(0, 1)로부터 추출된 k개의 확률변수 $Z_1, Z_2, \ldots, Z_k$가 있을 때 $\chi^2 = Z_1^2 + Z_2^2 + \cdots + Z_k^2$의 분포를 자유도 k인 카이제곱분포라고 하며 $Z_1^2 + Z_2^2 + \cdots + Z_k^2 \sim \chi^2(k)$로 나타낸다.

카이제곱분포의 형태는 자유도에 따라 변하며, 평균은 자유도 k와 같고 분산은 2k이고 k값이 클수록 정규분포에 접근한다.

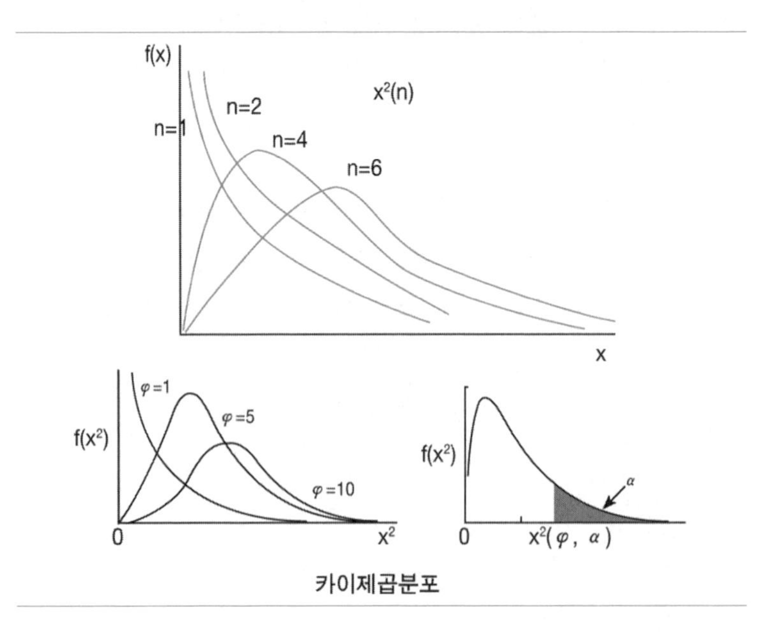

카이제곱분포

6.2 t분포

표준정규분포 N(0, 1)를 따르는 확률변수를 Z라고 하고 이와 독립이며 자유도 k인 카이제곱분포를 따르는 확률변수를 V라고 하면 V는 자유도 k인 t분포를 따르며 T~t(k)으로 나타낸다.

$$T = \frac{Z}{\sqrt{V/k}}$$

정규 모집단 N(μ, σ^2)으로부터의 확률표본을 $Y_1, Y_2, \ldots, Y_n$라고 하면

$\overline{Y} \sim N(\mu, \sigma^2)$이고 $\dfrac{\overline{Y}-\mu}{\sigma/\sqrt{n}} \sim N(0, 1)$이다.

그런데 통계적 추론에서 **σ**를 모르는 경우에는 **σ** 대신 다음 수식을 사용한다.

$$S = \sqrt{\frac{\sum_{i=1}^{n}(Y_i - \overline{Y})^2}{n-1}}$$

이때 스튜던트화studentized된 확률변수는 t분포를 따르게 된다.

$$t = \frac{\overline{Y}-\mu}{S/\sqrt{n}}$$

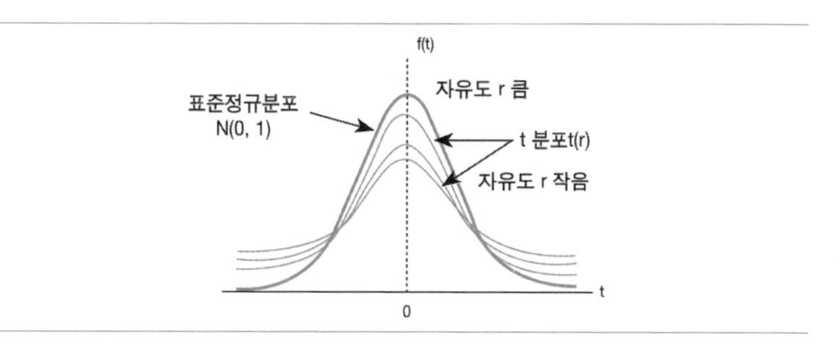

t분포는 정규 모집단에서 추출한 표본의 크기가 작을 때 많이 사용하는데 그 모양은 표준정규분포와 마찬가지로 0을 중심으로 좌우 대칭이나 표준정규분포에 비해 두터운 꼬리를 가지고 있는 것이 특징이고 자유도가 커짐에 따라 표준정규분포에 접근한다.

6.3 F분포

V_1과 V_2를 각각 자유도 k_1, k_2인 카이제곱분포를 따르는 서로 독립적인 확률변수라고 할 때 자유도 (k_1, k_2)인 F분포라고 하며 $F \sim F(k_1, k_2)$로 표시한다.

$$F = \frac{V_1/k_1}{V_2/k_2}$$

F분포의 평균은 1이고 분산은 다음과 같다.

$$\frac{2(k_1+k_2)}{k_1 k_2}$$

F분포는 분산비율의 검정에 사용된다.

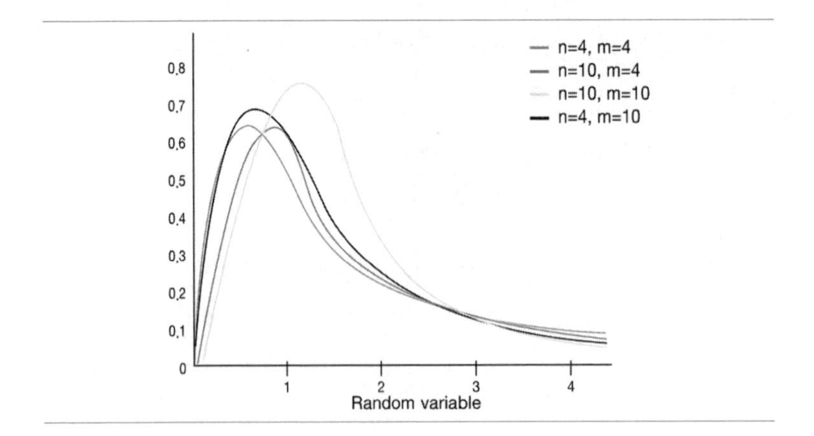

통계적 추론 Statistical Inference

추측통계학의 주목적은 모집단의 특성에 대한 추론을 하기 위한 것으로 모집단의 확률분포에 대한 이론적인 모형을 설정하고 이에 관한 정보를 효율적으로 얻을 수 있도록 표본을 선택하며 선택한 표본의 자료를 수집 분석한 후 그 정보를 이용하여 모수에 대한 통계적 추론을 한다.
통계적 추론은 목적에 따라 여러 형태로 분류할 수 있으나 그중 가장 기본적이고 중요한 것은 추정(estimation)과 가설검정(hypothesis testing)이다. 추정과 가설검정은 거의 모든 통계적 방법에서 적용되므로 중요하다고 볼 수 있다.

1 추정의 개념과 방법

1.1 점추정과 필요성

점추정이란 표본의 정보를 이용해 모수의 참값으로 생각되는 하나의 값을 일정한 방법으로 택하는 과정이다. 이때 어떠한 값을 택할 것인가를 지정해주는 방법을 점추정량 또는 추정량estimator이라 한다. 관측 값으로부터 미지의 모수 θ에 대한 추정량은 여러 가지가 있을 수 있고 이 중 가장 좋은 방법을 선택하게 되는데 그 선택의 기준으로 중요한 것은 다음과 같다.

1.1.1 불편성 Unbiasedness

불편성이란 모수 θ의 모든 참값에 대해 $E(\theta)=0$가 성립하는 것을 말한다. 즉, 추정량 θ의 기댓값이 참값 θ일 것을 요구하는 것으로서 이러한 성질을 갖는 추정량을 불편추정량unbiased estimator이라고 하며 불편추정량이 아닌 추정량을 편의추정량biased estimator이라고 한다.

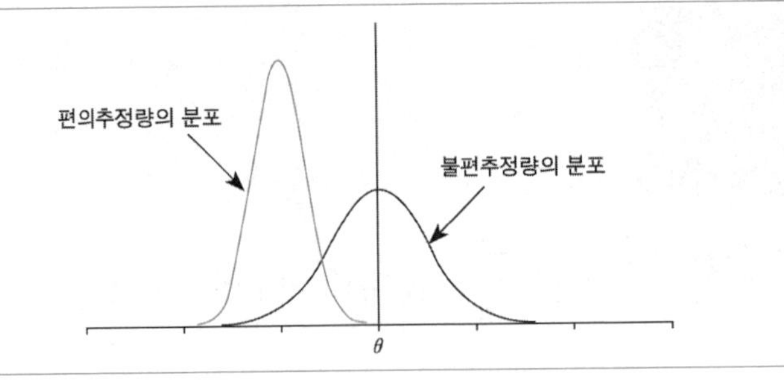

1.1.2 유효성 Efficiency

추정량 $\hat{\theta}$의 표준편차를 $\hat{\theta}$의 표준오차라고 하며 이를 $\mathrm{Se}(\hat{\theta}) = \sqrt{\mathrm{Var}(\hat{\theta})}$으로 표시하는데 두 불편추정량 $\hat{\theta}_1$, $\hat{\theta}_2$에 대해 $\mathrm{Se}(\hat{\theta_1}) < \mathrm{Se}(\hat{\theta_2})$이면 추정량 $\hat{\theta}_1$이 $\hat{\theta}_2$보다 유효하다고 한다. $\hat{\theta}$가 불편추정치로서 가장 적은 표준오차를 가질 때 이 $\hat{\theta}$를 최소분산불편추정량minimum variance unbiased estimator이라고 한다.

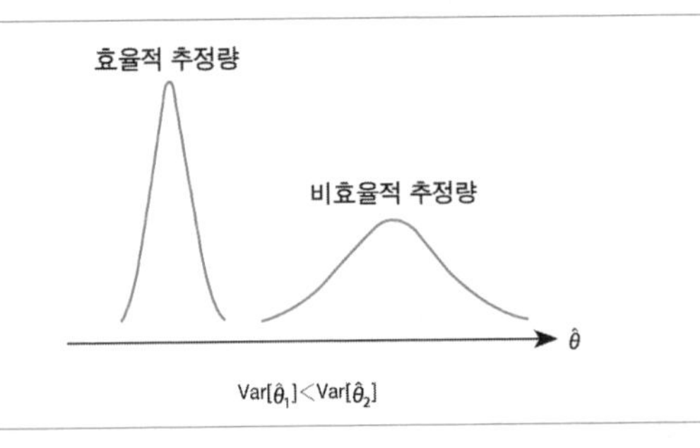

1.2 점추정의 방법

점추정의 방법에는 최대우도추정법maximum likelihood method, 적률법method of moment에 의한 추정, 최소제곱법least square method 등이 있다.

최대우도법은 표본 데이터와 모수 값의 측도로서 밀도의 곱(우도 값)을 사용한다. 만약에 μ 값이 데이터 값과·일치하지 않으면 밀도는 작게 되고 L(μ)의 값도 작게 될 것이다.

최대우도법은 최소제곱법과 같은 개념으로 모든 값을 정하는 방법으로 분석적 방법에 의해 체계적·수리적으로 구하는 방법과 컴퓨터를 이용한 수치해석적 방법이 있다.

정규 모집단에서는 μ의 최대우도값이 $\bar{Y}$임을 알 수 있다.

따라서 최대우도추정법이란 관측된 확률표본의 가능성을 최대로 할 수 있게 모수 값을 추정하는 것이다.

최대우도추정법으로 추정한 통계량은 일반적으로 유효성 및 일치성의 특성을 가지나 반드시 불편추정량은 아니다. 최대우도추정법을 사용해 통계량을 추정할 때는 추도함수에 대수 값을 취한 $\ln L(\theta)$를 최대로 하는 θ를 정해준다.

1.3 구간추정

점추정에서는 모수의 추정 값으로 하나의 값을 계산하고 그 값의 오차한계를 제공함으로써 정확성에 관한 정보를 제공했으나 구간추정에서는 모수가 속하게 될 범위를 추정하게 되는데 이러한 구간을 신뢰구간이라고 한다.

신뢰구간을 정할 때는 동일한 구간추정 방법을 반복적으로 사용해 얻어지는 신뢰구간들이 참값 θ을 포함하게 되는 횟수를 미리 정해진 한계 이상이 되도록 한다. 즉, 미리 정한 확률 $1-\alpha$에 대해 $P[L<\theta<U]=1-\alpha$가 성립하도록 신뢰구간 (L, U)을 정한다. 이때 $1-\alpha$를 신뢰수준confidence level이라고 하고 신뢰구간(L, U)을 θ에 대한 $100(1-\alpha)\%$ 신뢰구간이라 한다.

2 모평균의 추정과 신뢰구간

2.1 모평균의 추정

모평균 μ의 추정량으로는 다음과 같은 표본평균을 가장 많이 사용한다.

$$\overline{Y}=\sum_{i=1}^{n} Y_i/n$$

특히 정규 모집단의 경우에는 표본평균이 가장 좋은 추정량으로 알려져 있다. 즉, 모평균이 μ이고 모분산이 σ^2인 임의의 모집단에 대해 다음과 같이 정의한다.

$$E(\overline{Y})=\mu \qquad E(S^2)=\sigma^2$$

그리고 중심극한정리에 의해 n이 증가하면 $\overline{Y}$의 분포는 정규분포에 접근한다.

2.2 모평균의 신뢰구간

모집단이 정규분포를 하고 모분산 σ^2가 알려져 있는 경우의 모평균 μ에 대한 구간추정은 정규분포를 하는 모집단으로부터 추출한 n개 표본의 표본평균 $\bar{Y}$는 평균 값이 μ이고 표준편차가 $\sigma/\sqrt{n}$인 정규분포를 하므로 다음 값은 정규분포를 따른다.

$$\frac{\bar{Y}-\mu}{\sigma/\sqrt{n}}$$

따라서 표준정규분포의 100(1-α/2)%가 되는 점의 값을 $Z_{(\alpha/2)}$로 표시하면 다음과 같다.

$$P(-Z_{(\alpha/2)} < \frac{\bar{Y}-\mu}{\sigma/\sqrt{n}} < Z_{(\alpha/2)}) = 1-\alpha$$

그리고 이를 μ에 관해 바꿔 쓰면 다음과 같이 표현된다.

$$P(\bar{Y} - Z_{(\alpha/2)}\frac{\sigma}{\sqrt{n}} < \mu < \bar{Y} + Z_{(\alpha/2)}\frac{\sigma}{\sqrt{n}}) = 1-\alpha$$

$$L = \bar{Y} - Z_{(\alpha/2)}\frac{\sigma}{\sqrt{n}},\ U = \bar{Y} + Z_{(\alpha/2)}\frac{\sigma}{\sqrt{n}}$$

L, U는 확률표본 $Y_1, Y_2, \ldots, Y_n$의 함수로 관측이 가능한 통계량이고 구간 (L, U)가 μ를 포함한 확률은 1-α이다. 따라서 100(1-α)%의 신뢰구간은 확률변수 $\bar{Y}$을 n개의 표본평균 $\bar{y}$로 대치하면 다음처럼 쓸 수 있다.

$$(\bar{y} - Z_{(\alpha/2)}\frac{\sigma}{\sqrt{n}},\ \bar{y} + Z_{(\alpha/2)}\frac{\sigma}{\sqrt{n}})$$

신뢰구간 1-α에 의한 신뢰구간 (L, U)의 의미는 미지의 모수 μ에 대하여 반복되는 실험을 100회 하면 관측되어 얻어진 구간 (L, U) 사이에 μ가 속할 횟수가 100(1-α) 정도라는 뜻이다.

그러나 현실적으로 모표준편차 σ을 모르는 경우가 많다. 이러한 경우에 모표준편차 σ는 표본표준편차 S로 대치되어야 하며 이때의 $\frac{\bar{Y}-\mu}{S/\sqrt{n}}$은 n이 크면 정규분포와 가깝지만 n이 적은 경우에는 t분포를 따른다.

이것은 모집단이 정규분포라는 가정하에 근사적이 아닌 정확한 신뢰구간이므로 표본의 크기 n이 크거나 작은 경우에 항상 사용할 수 있다. 그러나 표본의 크기 n이 큰 경우(일반적으로 60 이상)에는 $t_{(\alpha/2)}$ 값이 $Z_{(\alpha/2)}$ 값에 가까워 실용상 정규분포에 의한 근사적 신뢰구간을 사용해도 큰 지장은 없다.

3 가설검정의 개념

추측통계학에서는 표본으로부터 얻은 통계량을 이용해 모수에 대한 예상이나 주장의 옳고 그름을 판정하게 되는데 이를 통계적 가설검정statistical hypothesis testing이라고 한다. 추정과 가설검정은 서로 밀접하게 관련되어 있으나 논리적으로 보면 가설검정이 추정에 앞선다고 볼 수 있다. 왜냐하면 만약에 두 정규 모집단의 평균 간 차이를 추정하고자 할 경우 우선 관측치에 의해 두 평균 간 차이가 있느냐 없느냐를 검정한 다음에 차이가 있다고 인정되는 경우에 한해 모평균 간 파이의 크기를 추정하는 것이 합리적이라고 볼 수 있기 때문이다.

3.1 가설과 오류의 종류

통계적 가설이란 관심의 대상이 되는 모집단의 특성에 대한 주장이라고 할 수 있다. 따라서 통계적 가설검정은 확률표본에서 얻은 정보에 의해 그 주장이 옳은가 아닌가를 확률에 근거해 판정하게 된다. 다시 말하면 관측된 자료에 입각해볼 때 그 주장이 참일 확률이 적을 때 그 주장은 기각되며 참일 확률이 어느 수준 이상인 경우에만 그 가설은 채택된다.

이처럼 모수에 대한 예상이나 주장을 통계적 가설statistical hypothesis이라고 하는데 이때 검정의 대상으로 삼는 가설을 귀무가설null hypothesis이라 하고 이에 대립되거나 이를 부정하는 가설을 대립가설alternative hypothesis이라 한다. 일반적으로 귀무가설은 H_0, 대립가설은 H_1으로 표시한다.

귀무가설은 이것에 상반되는 뚜렷한 증거가 없는 한 사실이라고 여겨지며 실험 자료로 보아 명백한 증거가 있을 때만 귀무가설을 기각하고 대립가설을 채택한다. 그것은 마치 재판하는 과정에서 피고인에게 뚜렷한 증거가 있는 경우에만 유죄를 선고하고 뚜렷한 증거가 없는 경우에는 무죄를 판정하게 되는 것과 같다. 가설검정의 기본 방식은 대립가설에 대한 뚜렷한 증거가 없는 한 귀무가설을 고수하게 된다. 때문에 일반적으로 가설을 세울 때는 표본에서 얻은 정보로 모집단에 대해 확실하게 주장하고자 하는 내용을 대립가설로 하고 이에 반대되는 주장을 귀무가설로 한다. 실험을 하는 대부분의 목적은 새로운 제품이나 처리 또는 제조 방법 등이 기존의 것에 비해 좋거나 효과가 있느냐를 검정하기 위한 것이므로 새로운 제품이 더 좋다거나 또는 처리의 효과가 있다는 것 등이 대립가설이 되며 그 반대는 귀무가설이 된다. 따라서 대립가설을 채택, 주장하기 위해 실험을 하는 것이지 귀무가설을 고수하기 위해 실험을 할 필요는 없다고 볼 수 있다.

위의 가설에서 μ는 미지의 수이므로 H_0나 H_1 중 어느 것이 옳은지 증명할 수는 없다. 따라서 검정 결과에 따라 항상 2가지 오류를 범하게 되는데 귀무가설 H_0이 사실인데도 이를 기각하고 대립가설 H_1을 채택했을 때 생길 수 있는 오류를 제1종 오류Type I Error, α error라 하고 귀무가설이 틀리고 대립가설 H_1가 사실임에도 이를 채택하지 않음으로써 생기는 오류를 제2종 오류Type II Error; β error라고 한다.

검정 결과 \ 실제	H_0가 사실	H_1이 사실
H_0 채택	옳음	제2종 오류(β error)
H_0 기각(H_1 채택)	제1종 오류(α error)	옳음

3.2 기각역과 검정 절차

새로운 가설에서 귀무가설 H_0와 대립가설 H_1 중 하나를 선택하는 경우 표본평균 $\bar{Y}$를 이용하게 되는데 $\bar{Y}$의 값이 클수록 H_1에 대한 증거가 뚜렷하다고 할 수 있다. 이처럼 귀무가설과 대립가설 중 하나를 택하는 데 사용되는 통계량을 검정통계량test statistics이라 하며 검정통계량의 값에 따라 H_1을 택할 때는 "귀무가설 H_0을 기각한다(Reject H_0)"고 하며 귀무가설 H_0를 택할 때는 "귀무가설 H_0를 기각할 수 없다(Do not reject H_0)"고 표현한다. 여기에서 귀무가설 H_0를 기각하게 하는 검정통계량의 영역을 기각역critical region, rejection region이라 한다.

가설검정에서는 2가지 오류를 범할 확률을 가능한 한 작게 해주는 것이 바람직하나 모수는 이미 고정된 것이기 때문에 제1종 오류를 범할 확률을 적게 하려면 제2종 오류를 범할 확률이 커지게 된다. 따라서 채택 여부가 중요한 의미를 갖는 H_1을 채택하는 경우에 제1종 오류의 확률을 최소로 하는 검정법을 택하게 된다. 이때 검정의 종류와 심각성에 따라 제1종 오류를 범할 확률의 최대 허용 한계를 유의수준significance level이라 하며 흔히 α =0.10, α=0.05, α=0.01을 사용한다. 따라서 유의수준 α인 검정법이란 제1종의 오류를 범할 확률이 α 이하인 검정법을 뜻한다.

제1종 오류를 범하는 확률은 정해져 있으나 제2종 오류를 범하는 확률은 모평균 차이인 $d=\mu_1-\mu_2$이 작고 n이 적을수록 커진다. 그런데 여기에서 $d=\mu_1-\mu_2$는 이미 고정된 모수이므로 제2종 오류를 줄이는 방법은 표본 수 n을 크게 하는 것이라고 할 수 있다.

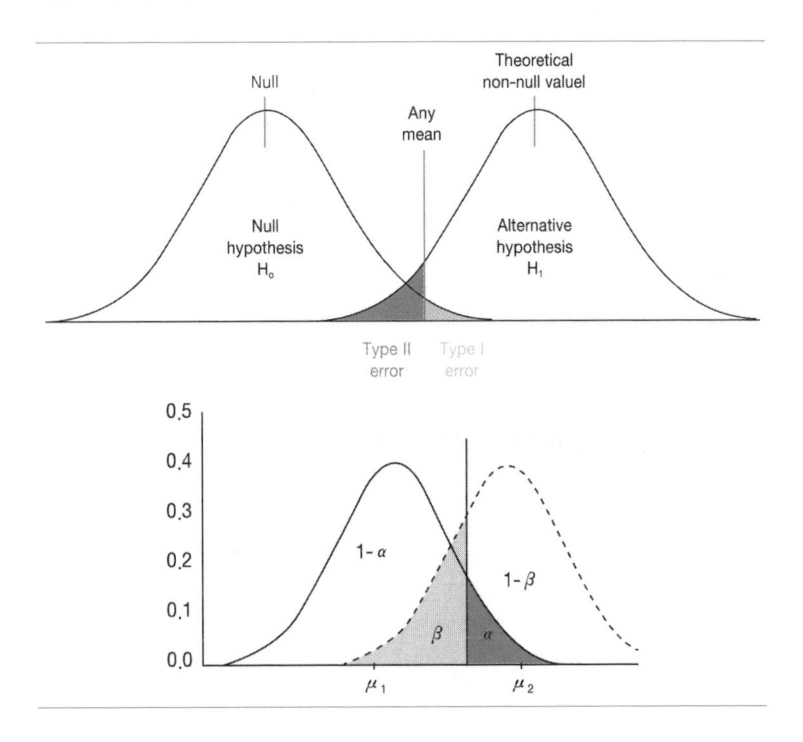

대립가설 H_1이 옳을 때 이것을 채택하는 확률은 (1-β)가 되는데 이것을 가설검정의 검정력이라고 한다. 즉, 새로운 주장인 대립가설이 사실일 때 이를 채택하게 되는 확률이다. 검정력은 죄인에게 유죄 판결을 내리는 확률이 된다.

4 모평균에 대한 검정

4.1 모평균의 특정치에 대한 검정

모평균의 특정치에 대한 검정은 모집단의 분산을 아는 경우 Z검정을 사용하고 모르는 경우는 t검정법을 사용한다. 우선 모집단이 정규분포를 한다고 가정하고 모분산을 아는 경우 통계량 $Z=\frac{\overline{Y}-\mu_0}{\sigma/\sqrt{n}}$은 귀무가설($H_0$: $\mu=\mu_0$)이 사실인 경우 표준정규분포를 따른다. 따라서 표본평균 $\bar{y}$를 사용해 검정통계량의 값 $z_0=\frac{\bar{y}-\mu_0}{\sigma/\sqrt{n}}$을 구한 다음 단측검정일 경우 $z_0 > Z(\alpha)$이면 유의수준 α에서 귀무가설을 기각한다.

또, 모분산 σ^2을 모르는 경우에는 정규 모집단 $N(\mu, \sigma^2)$에서의 크기 n인 확률분포의 표본평균을 $\overline{Y}$, 표본분산을 S^2이라 하며 통계량 $T=\frac{\overline{Y}-\mu}{S/\sqrt{n}}$는 귀무가설이 사실일 때는 자유도 (n-1)인 t분포를 한다. 따라서 표본평균 $\bar{y}$를 사용해 검정통계량의 값 $t_0=\frac{\bar{y}-\mu_0}{S/\sqrt{n}}$을 구한 다음 이 값을 t 값과 비교해 귀무가설을 기각 또는 수락하게 된다.

4.2 두 모집단의 분산을 아는 경우

두 개의 모집단이 각각 $\overline{X} \sim N(\mu_1, \sigma_1^2/n_1)$, $\overline{Y} \sim N(\mu_2, \sigma_2^2/n_2)$이고 $\overline{X}$, $\overline{Y}$가 서로 독립적이며 $\overline{X}-\overline{Y}$는 정규분포를 따르며 평균과 분산은 각각 다음과 같다.

$$E(\overline{X}-\overline{Y})=E(\overline{X})-E(\overline{Y})=\mu_1-\mu_2$$

$$Var(\overline{X}-\overline{Y})=Var(\overline{X})+Var(\overline{Y})=\frac{\sigma_1^2}{n_1}+\frac{\sigma_2^2}{n_2}$$

다음은 $\overline{X}-\overline{Y}$의 표준화된 통계량이다.

$$Z=\frac{(\overline{X}-\overline{Y})-(\mu_1-\mu_2)}{\sqrt{\frac{\sigma_1^2}{n_1}+\frac{\sigma_2^2}{n_2}}}$$

평균이 0이고 분산이 1인 정규분포를 따르므로 표본으로부터 구한 검정통계량의 값 z_0을 표준정규분포와 비교하면 된다.

4.3 두 모집단의 분산을 모르는 경우

두 모평균의 차에 관한 검정에서 일반적으로 두 모집단의 분산 σ_1^2 및 σ_2^2를 모르는 경우가 많다. 이때에는 두 모집단이 정규분포를 따른다는 가정 외에 미지의 동일한 모분산을 갖는다는 조건, 즉 $\sigma_1^2=\sigma_2^2=\sigma^2$이 필요하다. $\mu_1-\mu_2$의 검정에 사용되는 통계량은 $\overline{X}-\overline{Y}$이며 이 통계량의 평균과 분산은 다음과 같다.

$$E(\overline{X}-\overline{Y})=\mu_1-\mu_2$$
$$Var(\overline{X}-\overline{Y})=\sigma^2\left(\frac{1}{n_1}+\frac{1}{n_2}\right)$$

여기서 공통분산 σ^2은 다음과 같이 추정한다.

$$S_p^2=\frac{\sum_{i=1}^{n_1}(X_i-\overline{X})^2+\sum_{i=1}^{n_1}(Y_i-\overline{Y})^2}{n_1+n_2-2}$$

따라서 귀무가설 ($H_0:\mu-\mu_0=\delta$)하에 다음 수식은 자유도 n_1+n_2-2인 t분포를 따른다.

$$T=\frac{\overline{X}-\overline{Y}-\delta_0}{\sqrt{S_p^2\left(\frac{1}{n_1}+\frac{1}{n_2}\right)}}$$

특히 귀무가설 $H_0:\mu_1=\mu_2$을 검정하기 위해 위의 식에서 $\delta_0=0$으로 하면 된다. 따라서 양측검정인 경우 표본으로 구한 t_0 값을 $t(a/2,\ n_1+n_2-2)$ 값과 비교해 계산된 t_0가 크면 유의수준 α에서 귀무가설을 기각한다.

4.4 대응관측치에 의한 두 모평균의 차이점

두 모집단의 평균에 대한 비교를 할 때 가능하면 실험 단위들이 균일해야 그 차이를 정확하게 비교할 수 있다. 그러나 많은 경우 실험 단위들은 균일하지 않고 재료나 환경 등에 따라 영향을 받게 된다. 이러한 문제를 해결하기 위해 실험 단위를 균일한 조에 배치한 후 각 처리 간 비교를 하는 것이 좋으며 이를 쌍체비교라고도 한다. 쌍체비교에서는 구간 간 이질성을 허용하되 구간 내에서는 가급적 균일하게 하는 것이 좋다.

각 쌍 $(X_i,\ Y_i)$들은 서로 독립이며 $D=X_i-Y_i$일 때, D의 평균과 분산은

$E(D)=\delta \quad Var(D)=\delta_d^2$이고 각 관측치는 모집단에서의 확률표본이므로 두 모평균의 차이를 검정하기 위한 가설은 다음과 같다.

$$H_0: \mu_1-\mu_2=\delta_0$$
$$H_1: \mu_1-\mu_2\neq\delta_0$$

이 가설을 검정하기 위한 검정통계량의 값은 다음과 같다.

$$t_0=\frac{\bar{d}-\delta_0}{S_d/\sqrt{n}}$$

양측검정인 경우 $|t_0|>t_{(\alpha/2,\, n-1)}$이면 유의수준 α에서 귀무가설을 기각한다.

5 모비율에 대한 검정

5.1 모비율의 특정치에 대한 검정

모집단 내의 특정한 부분의 비율 p에 대한 검정에서 귀무가설은 $H_0: p=p_0$가 되고 대립가설은 $H_1: p>p_0$, $H_1: p<p_0$, $H_1: p\neq p_0$ 중 하나가 되며 이때는 이항분포를 이용해 검정을 한다. 그러나 표본 크기가 크고 모비율 p가 작지 않으며 $np_0\geq5$, $n(1-p_0)\geq5$일 때 비율 $\hat{p}=Y/n$은 근사적으로 평균 p이고 표준편차 $\sqrt{p(1-p)/n}$인 정규분포에 따르므로 귀무가설이 사실이면 $\hat{p}$의 분포는 근사적인 정규분포에 따른다.

$$Z_0=\frac{\hat{p}-p_0}{\sqrt{\frac{\hat{p}(1-p)}{n}}}$$

위의 표준화된 통계량은 근사적으로 N(0, 1)을 따르므로 검정통계량의 값 z_0을 계산한 후 이 값을 정규분포표와 비교해 양측검정인 경우 $z_0>Z_{(\alpha/2)}$이면 유의수준 α에서 귀무가설을 기각한다.

5.2 두 모비율의 차이검정

두 모비율에 대한 검정에서 귀무가설은 $H_0: p_1=p_2$이며 대립가설은 $H_1: p_1>p_2$, $H_1: p_1<p_2$, $H_1: p_1\neq p_2$ 중 하나가 된다. 두 확률표본이 독립이므로 p_1과 p_2는 독립이 되고 표본비율의 차 $\hat{p}_1$과 $\hat{p}_2$의 차이의 평균과 분산은 다음

과 같다.

$$E(\hat{p}_1 - \hat{p}_2) = p_1 - p_2$$
$$Var(\hat{p}_1 - \hat{p}_2) = p(1-p)(\frac{1}{n_1} + \frac{1}{n_2})$$

여기서 미지의 공통 모비율 p의 합동추정치는 다음과 같다.

$$\hat{p} = \frac{X+Y}{n_1+n_2}$$

따라서 $\hat{p}_1 - \hat{p}_2$의 분산의 추정량으로 다음을 사용한다.

$$Var(\hat{p}_1 - \hat{p}_2) = \hat{p}(1-\hat{p})(\frac{1}{n_1} + \frac{1}{n_2})$$

$$Z = \frac{\hat{p}_1 - \hat{p}_2}{\sqrt{\hat{p}(1-\hat{p})(\frac{1}{n_1} + \frac{1}{n_2})}}$$

표본의 크기 n_1, n_2가 충분히 큰 경우의 위의 통계량은 귀무가설하에 근사적으로 N(0, 1)을 따르므로 검정통계량의 값 z_0을 구해 양측검정의 경우 $|z_0| \geq Z_{(\alpha/2)}$이면 유의수준 α에서 귀무가설을 기각한다.

6 모분산에 대한 검정

6.1 모분산과 특정치에 대한 검정

모평균과 모분산이 미지인 정규 모집단 $N(\mu, \sigma^2)$의 모분산 σ^2에 대한 가설 $H_0 : \sigma^2 = \sigma_0^2$ $H_1 : \sigma^2 < \sigma_0^2$ 검정에서 모집단에서 추출된 크기 n인 표본분산을 $S^2 = \sum(Y_i - \overline{Y})^2/(n-1)$이라고 할 때 통계량 $\chi^2 = \frac{(n-1)S^2}{\sigma_0^2}$은 자유도 (n-1)인 카이제곱분포를 따른다. 따라서 검정통계량의 값 χ_0을 계산해 $\chi_0^2 \leq \chi^2_{(1-\alpha, n-1)}$이면 유의수준 α에서 귀무가설을 기각한다.

이와 마찬가지로 귀무가설과 대립가설이 $H_0 : \sigma^2 = \sigma_0^2$ $H_1 : \sigma^2 > \sigma_0^2$ 일 때 유의수준 α인 기각역은 $\chi_0^2 > \chi^2_{(\alpha, n-1)}$로 주어지고 귀무가설과 대립가설이 각각 $H_0 : \sigma^2 = \sigma_0^2$ $H_1 : \sigma^2 \neq \sigma_0^2$일 때의 유의수준 α인 기각역은 $\chi_0^2 \leq \chi^2_{(1-\alpha/2, n-1)}$ 또는 $\chi_0^2 \leq \chi^2_{(\alpha/2, n-1)}$로 주어진다.

6.2 두 모분산의 차이검정

$X_1, X_2, \ldots, X_n$와 $Y_1, Y_2, \ldots, Y_n$을 각각 $N(\mu_1, \sigma_1^2)$ 와 $N(\mu_2, \sigma_2^2)$로부터 확률표본이라고 하고 귀무가설 $H_0: \sigma_1^2 = \sigma_2^2$와 대립가설 $H_1: \sigma_1^2 > \sigma_2^2$, $H_1: \sigma_1^2 < \sigma_2^2$, $H_1: \sigma_1^2 \neq \sigma_2^2$의 하나를 검정하고자 한다. 이때 관심의 대상이 되는 것은 표본분산 S_1^2와 S_2^2이다.

$F = \dfrac{S_1^2/\sigma_1^2}{S_2^2/\sigma_2^2}$은 자유도 n_1-1, n_2-1을 갖는 F분포를 하므로 귀무가설 $H_0: \sigma_1^2 = \sigma_2^2$ 하에서 통계량 $F = \dfrac{S_1^2}{S_2^2}$는 F분포를 하게 된다.

따라서 $H_1: \sigma_1^2 > \sigma_2^2$을 검정하는 경우 검정통계량의 값 F_0을 계산하여 $F_0 \geq F(\alpha, n_1-1, n_2-1)$이면 유의수준 α에서 귀무가설을 기각한다.

분산분석 Analysis of Variance

실험 설계와 분석 과정에서 처리가 2개인 경우에는 t검정을 많이 사용한다. 그러나 처리가 3개 이상인 경우 t검정을 사용해 각각의 처리조합을 비교하게 되면 제1종 오류를 범할 확률이 각각의 유의수준보다 상당히 커지게 된다. 따라서 이러한 경우에는 여러 처리평균들에 대한 동질성을 검정하기 위해 분산분석을 이용한다.

1 자료의 구조와 통계적 모형

가장 간단한 완전확률화계획법에서는 실험 순서나 실험 배치가 선 실험 단위에 대해 확률적으로 수행된다. 처리가 t개 있고 각 처리에 대해 r회의 반복을 시행한다면 전체 실험구를 N=tr개로 분할하고 실험 전체를 확률적으로 배치해 수행하면 된다.

완전확률화계획법에서 비교하고자 하는 몇 가지 처리가 있다고 하면 각 처리에서 관측된 값들은 모두 확률변수의 측정치이다. 처리 수가 t개 있고 반복 수가 r인 실험의 자료 구조에서 Y_{ij}는 i번째 처리의 j번째 반복의 관측치를 표시하며 $Y_{i.}$는 각 처리의 합계, $\bar{Y}_{i.}$는 각 처리의 평균을 표시한다.

이러한 자료에 의한 선형통계모형은 다음과 같이 표시할 수 있다.

$$Y_{ij} = \mu + \tau_i + \varepsilon_{ij} \, (i=1, 2, \ldots, \; j=1, 2, \ldots, r)$$

여기에서 Y_{ij}는 i번째 처리, j번째 반복의 관측치이며 μ는 전체 평균으로서 모든 처리에 공통된 모수이고 τ_i는 i번째 처리의 효과로서 i번째 처리에만 관계되는 모수이다. 그리고 ε_{ij}는 확률오차이다. 이러한 모형 설정의 목적은 처리효과에 대한 적합한 통계적 가설검정과 그 효과를 추정하는 것인데 정확한 가설검정을 위해서는 오차항 ε_{ij}가 확률변수로서 평균이 0, 분산이 σ^2인 정규분포를 하는 서로 독립적인 확률변수 normally and independently distributed random variable, NID$(0, \sigma^2)$ 이어야 하고 오차분산 σ^2가 모든 처리 수준에서 같다는 가정이 충족되어야 한다.

2 분산분석과 모수의 추정

2.1 모형에 대한 가정과 가설

일원실험계획법의 모수 모형에서 분산분석을 하기 위해서는 우선 처리효과 τ_i는 전체 평균으로부터의 편차로서 다음과 같이 정의한다.

$$\sum_{i=1}^{t} \tau_i = 0$$

이제 $Y_{i.}$를 i번째 처리 관측치의 합계, $\bar{Y}_{i.}$를 평균이라고 하고 $Y_{..}$를 관측치 전체의 합계, $\bar{Y}_{..}$를 전체 관측치의 평균치라고 한다.

i번째 처리의 평균치의 기대치는 $E(Y_{i.}) = \mu_i = \mu + \tau_i$로서 i번째 처리평균은 전체 평균과 i번째 처리효과의 합으로 구성된다. 따라서 모든 처리의 평균이 같다는 것을 검정하기 위한 귀무가설과 대립가설은 각각 다음과 같다.

$H_0 : \tau_1 = \tau_2 = \ldots = \tau_t = 0$

$H_1 : \tau_i \neq 0$ (최소한 하나의 i에 대하여)

그리고 이는 또 각각 다음과 같다.

$H_0 : \mu_1 = \mu_2 = \ldots = \mu_t$

$H_1 : \mu_i \neq \mu_j$ (최소한 하나의 i, j에 대하여, 단 $i \neq j$)

따라서 처리평균의 동일성을 검정하는 것은 처리효과 τ_i가 0인 것을 검정하는 것과 같고 이것은 분산분석 방법으로 할 수 있다.

2.2 제곱합의 분해와 분산분석

분산분석에서는 전체제곱합 total sum of square을 각각의 성분으로 분해할 수 있다.

보정된 전체제곱합은 다음과 같다.

$$SSt = \sum_{i=1}^{t}\sum_{j=1}^{r}(Y_{ij} - \overline{Y_{..}})^2$$

각 처리평균과 전체 평균 간의 차이로 인한 제곱합과 처리평균으로부터 처리 내의 각 개체들 간 차이의 제곱합으로 분할됨을 알 수 있으며 이때 처리평균들과 전체 평균의 차이는 처리평균들 간의 차이를 측정할 수 있는 척도가 되고 각 처리 내에서 처리평균과 개체 관측치 간의 차이는 확률오차에 의한 것이라고 할 수 있다.

따라서 보정된 전체제곱합은 다음과 같이 쓸 수 있으며 SSt=SStr+SSe, SSt를 전체제곱합, SStr을 처리제곱합, SSe를 오차제곱합이라고 한다. 관측지수는 N=tr으로서 SSt는 N−1의 자유도를, SStr은 t−1의 자유도를 갖게 되며 각 처리 내의 자유도가 r−1이 되므로 오차분산을 추정하기 위한 오차제곱합의 자유도 t(r−1) = tr−t = N−t가 된다.

$$CT = Y^2/N$$

$$SSt = \sum_{i=1}^{t}\sum_{j=1}^{r} Y_{ij}^2 - CT$$

$$SStr = \frac{\sum_{i=1}^{t} Y_{i.}^2}{r} - CT$$

$$SSe = SSt - SStr$$

이상의 결과를 요약하면 아래와 같으며 이것을 분산분석표라고 한다.

변인	자유도	제곱합	평균제곱	분산비
전체	N-1	SSt		
처리 간	t-1	SStr	MStr	MStr/MSe
처리 내(오차)	N-t	SSe	MSe	

2.3 평균제곱의 기대치와 F검정

처리평균제곱 MStr=SStr/(t−1) 및 오차평균제곱 MSe=SSe/(N−t)의 기대치를 보면, 오차평균제곱의 기대치는 다음과 같다.

$$E(MSe)=E\left[\frac{SSe}{N-t}\right]=\sigma^2$$

$$E(MStr)=\sigma^2+\frac{r\sum_{i=1}^{r}\tau_i^2}{t-1}$$

MSe=SSe/(N-t)는 σ^2의 추정치이고 처리평균 간 차이가 없다면 MStr=SStr/(t-1)도 σ^2의 추정치가 된다. 그러나 처리평균이 다르다면 처리평균제곱의 기대치는 σ^2보다 크게 될 것이기 때문에 처리평균 간 차이가 없다는 가설 (H_0 : $\tau_1 = \tau_2 = \ldots = \tau_t = 0$)의 검정은 MStr과 MSe를 비교하는 것으로 가능하다. 따라서 처리평균들 간에 차이가 없다는 귀무가설이 성립하면 다음은 자유도가 t-1, N-t인 F분포를 하게 되며 이때의 F 값은 처리평균들 간에 차이가 없다는 가설을 검정하기 위한 검정통계량이 된다.

$$F=\frac{SStr/(t-1)}{SSe/(N-t)}=\frac{MStr}{MSe}$$

즉, 오차평균제곱의 MSe는 σ^2의 불편추정치이며 귀무가설이 사실인 경우 처리평균제곱 MStr도 σ^2의 불편추정이다. 그러나 귀무가설이 사실이 아니면 MStr의 기대치는 σ^2보다 크므로 분자가 분모보다 크게 된다. 따라서 F_0을 계산된 검정통계량의 값이라고 할 때 $F_0 > F_{(\alpha, t-1, N-t)}$이면 유의수준 α에서 귀무가설을 기각한다.

D-4

요인분석 Factorial Analysis

대부분의 실험에서는 처리를 할 때 둘 이상의 인자(factor)가 관여하는 경우가 많으며 이러한 경우에는 요인실험(factorial experiment)을 하는 것이 좋다. 요인실험을 하면 관련된 인자들의 주 효과와 함께 교호 작용을 추정해낼 수 있고 다른 인지의 수준 변화에 따른 효과의 변화를 측정할 수 있으므로 결론에 대한 정당성의 범위를 높여주는 장점이 있다. 그러나 요인실험을 하게 되면 실험 규모가 커지게 되어 정도(precision)가 떨어지는 경우가 있고 비용과 자원이 많이 들게 된다.

1 주 효과와 교호 작용

요인실험에서 2개의 인자 A와 B가 있고 각 인자의 처리 수 a와 b를 각 인자의 수준이라고 할 때, 전체 조합 수는 t=ab개가 된다. 이런 경우 2개의 인자는 수준이 서로 교차crossed 되었다고 하며 인자의 효과는 그 수준이 변화했을 때 반응의 변화량으로서 흔히 주 효과라고 한다.

그러나 대부분의 많은 요인실험에서는 어떤 인자의 수준 간 차이가 다른 인자의 수준에 따라 다르게 나타나는데 이것을 인자 간의 교호 작용interaction 이라고 한다.

2 모수모형의 분석

A, B 두 인자의 요인실험에서 A의 수준을 a, B의 수준을 b라고 하면, t=ab개의 처리조합이 있게 되며 각 처리조합을 r회 반복 실험했다면 전부

abr개의 실험 단위가 있게 된다. 이 abr개의 실험을 완전히 확률화해 실험을 수행하고 그 결과를 얻었다면 완전확률화계획법이 될 것이며 이때의 통계적 선형모형은 $Y_{ijk} = \mu + \tau_i + \beta_j + (\tau\beta)_{ij} + \varepsilon_{ijk}$(i=1, 2, …, a; j=1, 2, …, b, k=1, 2, …, r)로 나타낼 수 있다. 여기에서 μ는 전체 평균이고 τ_i는 A인자의 i번째 수준의 효과이며 β_j는 B인자의 j번째 수준의 효과이다. 또 $(\tau\beta)_{ij}$는 A인자와 B인자의 교호 작용 효과이며 ε_{ijk}는 오차항으로 NID(0, σ^2)이다. 여기에서 두 인자를 모두 모수인자라고 가정하고 처리효과를 전체 평균으로부터의 편차라고 하면 다음과 같다.

$$\sum_{i=1}^{a}\tau_i = 0,\ \sum_{j=1}^{b}\beta_j = 0,\ \sum_{i=1}^{a}(\tau\beta)_{ij} = 0,\ \sum_{j=1}^{j}(\tau\beta)_{ij} = 0$$

2요인 실험에서는 A, B 두 인자 모두가 관심의 대상이 되므로 A, B 두 인자의 주 효과와 교호 작용의 효과를 검정하기 위한 가설은 A인자 효과인 경우 다음과 같다.

$H_0 : \tau_1 = \tau_2 = \ldots = \tau_a = 0$

$H_1 : \tau_i \neq 0$ (최소한 1개 이상의 i에 대하여)

그리고 B인자 효과인 경우는 다음과 같다.

$H_0 : \beta_1 = \beta_2 = \ldots = \beta_b = 0$

$H_1 : \beta_j \neq 0$ (최소한 1개 이상의 j에 대하여)

또 AB 교호 작용인 경우는 다음과 같다.

$H_0 : (\tau\beta)_{ij} = 0$

$H_1 : (\tau\beta)_{ij} \neq 0$ (최소한 1개 이상의 i, j에 대하여)

2.1 분산분석과 모수의 추정

전체제곱합은 A인자, B인자, AB 교호 작용 및 오차제곱합으로 분할되며 이를 SSt, SSa, SSb, SSab, SSe로 표시하면 SSt=SSa+SSb+SSab+SSe가 된다.

각 인자의 자유도는 A, B 인자가 각각 a, b 수준을 가지므로 A인자의 자유도는 a−1이고 B인자의 자유도는 b−1이며 교호 작용 AB의 자유도는 2개의 자유도를 곱한 (a−1)(b−1)이 된다. 또 오차의 자유도는 처리 수 a, b에 각 처리 내의 자유도 r−1을 곱한 ab(r−1)이 된다.

이상을 가지고 분산분석표를 정리하면 아래와 같다.

변인	자유도	제곱합	평균제곱	분산비
전체	abr-1	SSt		
A인자	a-1	SSa	MSa	MSa/MSe
B인자	b-1	SSb	MSb	MSb/MSe
AB 교호 작용	(a-1)(b-1)	SSab	MSab	MSab/MSe
오차	ab(r-1)	SSe	MSe	

한편 모수모형에서 각 제곱합들을 자유도로 나눈 평균제곱의 기대치는 다음과 같다.

$$E(MSa)=\sigma^2+\frac{br\sum_{i=1}^{a}\tau_i^2}{a-1}$$
$$E(MSb)=\sigma^2+\frac{ar\sum_{j=1}^{b}\beta_j^2}{b-1}$$
$$E(MSab)=\sigma^2+\frac{r\sum_{i=1}^{a}\sum_{j=1}^{b}(\tau\beta)_{ij}^2}{(a-1)(b-1)}$$
$$E(MSe)=\sigma^2$$

여기에서 A, B, AB의 효과가 없다는 귀무가설이 사실이면 각 분산비는 분자의 자유도가 각각 a-1, b-1, (a-1)(b-1)이며 분모의 자유도가 ab(r-1)인 F분포를 하게 된다. 따라서 A, B 주 효과와 AB 교호 작용에 대한 유의성 검정통계량의 값은 이들 각각의 평균제곱 MSa, MSb, MSe를 오차평균제곱 MSe로 각각 나누면 된다.

2.2 모형의 적합성 검정

분산분석 결과를 가지고 결론을 내리기 전에 사용된 모형의 적합성을 검정하는 것이 바람직하며 이에 관한 방법은 앞에서 설명한 잔차의 분석이다. 2 요인실험에서 잔차는 $e_{ijk}=Y_{ijk}-\hat{Y}_{ij.}$로 쓸 수 있는데 여기에서 $\hat{Y}_{ijk}=\bar{Y}_{ij.}$이므로 $e_{ijk}=Y_{ijk}=\bar{Y}_{ij.}$가 된다.

D-5

회귀분석 Regressor Analysis

회귀분석법은 변수가 여러 개 있을 때 이들 상호 간의 관계를 검토하고 모형을 설정하는 통계분석 기법으로 여러 분야에 광범위하게 이용된다. 회귀분석 방법은 자료를 요약해 회귀변수와 반응변수의 관계 여부를 보다 명확히 규명하거나 두 변수 간 함수의 모수 추정 또는 추정된 모수를 이용해 회귀변수에 의한 반응량을 추정하는 데 이용된다.

어떤 변수에 영향을 주는 변수를 독립변수 independent variable, 설명변수 explanatory variable 또는 회귀변수 regressor variable 라고 하고 영향을 받는 변수를 종속변수 dependent variable 또는 반응변수 response variable 라고 한다. 일반적으로 1개의 반응변수에 대해 k개의 설명변수가 있을 수 있는데 설명변수가 1개인 경우를 단순선형회귀 또는 단순회귀라고 한다. 변수들 간의 관계는 회귀방정식이라는 수학적 모형으로 표현될 수 있는데 경우에 따라서 반응변수 y와 회귀변수 $x_1, x_2, \ldots, x_k$들 간의 관계를 모회귀방정식 $Y=f(x_1, x_2, \ldots, x_k)$의 함수식으로 정확하게 표현할 수도 있으나 대부분의 경우 모회귀방정식은 알려져 있지 않기 때문에 모회귀방정식을 추정하기 위해 표본회귀방정식을 구하게 된다.

1 통계적 모형과 가정

단순선형회귀의 통계적 모형은$Y=\beta_0+\beta_1 x+\varepsilon$로 표시된다. 여기에서 β_0과

β_1은 각각 절편과 기울기로서 구하고자 하는 상수이다. ε는 오차항으로서 평균이 0, 분산이 σ^2이고 각각 독립적이며 정규분포를 하는 것으로 가정한다. 또 x는 오차가 없는 수학변수mathematical variable이며 Y는 확률변수이다. 따라서 주어진 x에서 Y는 확률분포를 가지며 이 분포의 평균은 $E(Y|x)=\beta_0+\beta_1 x$이고 분산은 $Var(Y|x)=Var(\beta_0+\beta_1 x+\varepsilon)=\sigma^2$이다. 따라서 Y의 평균은 x의 선형함수로 표시되며 오차들이 서로 독립적이므로 Y 값들도 상호 독립적이다.

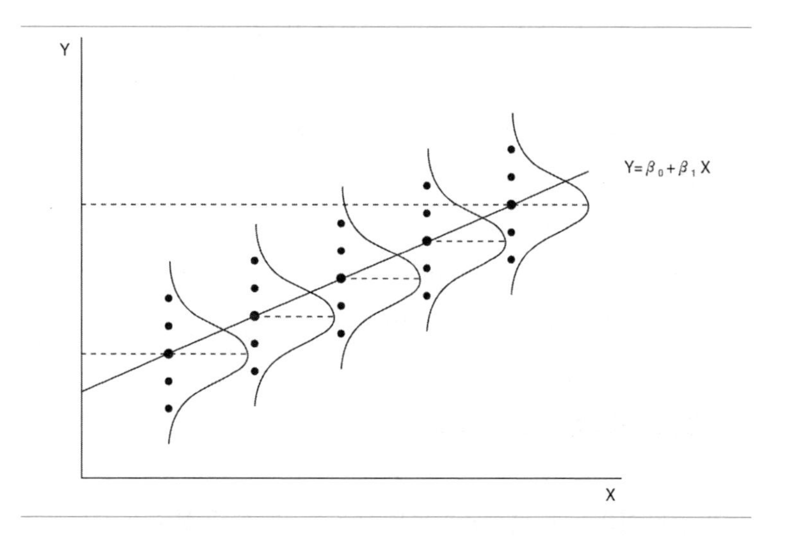

모수 β_0와 β_1을 회귀계수라고 하는데 β_1은 기울기로서 x가 한 단위 변함에 따른 Y의 분포의 평균적 변화를 의미하며 β_0는 절편으로서 x 자료 상에 x=0이 되는 점이 존재하면 x=0인 점에서 Y의 분포의 평균 값이 되고 x가 0 값을 포함하고 있지 않으면 실제로 해석상의 의미를 갖지 않는다.

2 모수에 대한 추정

모수 β_0와 β_1은 미지의 값으로서 표본 자료를 사용해 추정한다. 만약에 n개의 자료 (x_1, y_1), (x_2, y_2), (x_n, y_n)이 있다면 이 값들은 자료를 수집하기 위해 설계된 실험에서 온 것일 수도 있고 이미 과거에 조사된 것일 수도 있다.

2.1 회귀계수의 추정

β_0와 β_1를 추정하기 위해 최소제곱법을 사용하는데 이 방법은 회귀선으로부터 각 관측치 값 y_i의 편차의 제곱합이 최소가 되도록 β_0와 β_1을 추정하는 방법이다.

$Y_i=\beta_0+\beta_1 x_i+\varepsilon_i (i=1, 2, \ldots, n)$으로 쓸 수 있는데 n의 자료 (x_i, y_i)의 형태로 표현된 표본회귀모형이라 할 수 있다.

이로부터 최소제곱해를 구하려면 오차들의 제곱합 $S=\sum_{i=1}^{n}(Y_i-\hat{\beta}_0-\hat{\beta}_1 x_i)^2$이 최소가 되는 β_0와 β_1의 추정치 $\hat{\beta}_0$와 $\hat{\beta}_1$을 구하는 것으로 이를 위해 S를 $\hat{\beta}_0$와 $\hat{\beta}_1$에 대해 편미분한 것을 최소제곱정규방정식 least squares normal equations 이라 한다.

관측치 Y_i와 적합치 $\hat{Y}_i$의 차이를 잔차라 하는데 i번째 관측치의 잔차는 $e_i = Y_i-\bar{Y}_i = Y_i-(\hat{\beta}_0+\hat{\beta}_1 x_i)$로 계산한다. 잔차는 모형의 적합성 검정이나 이상치 여부를 판정하는 데 중요하게 사용된다.

2.2 최소제곱추정치의 특성

최소제곱법으로 추정한 $\hat{\beta}_0$와 $\hat{\beta}_1$은 몇 가지 중요한 특성을 갖는다. 우선 $\hat{\beta}_0$와 $\hat{\beta}_1$는 Y_i의 선형조합이며 $\hat{\beta}_0$와 $\hat{\beta}_1$의 기대치를 구해보면 $E(\hat{\beta}_1)=\hat{\beta}_1$이 된다. 따라서 $E(Y_i)=\beta_0+\beta_1 x_i$라고 하면 $\hat{\beta}_0$와 $\hat{\beta}_1$은 불편추정이다. $\hat{\beta}_1$의 분산은 다음과 같이 표시할 수 있고, Y_i들이 서로 독립적이므로 분산의 합과 같다.

$$Var(\hat{\beta}_1) = Var(\sum_{i=1}^{n} c_i Y_i) = \sum_{i=1}^{n} c_i^2 Var(Y_i)$$

그 밖에 최소제곱법으로 추정한 회귀모형의 특성은 다음과 같다.

① 잔차들의 합은 0이다.

② 관측치 Y_i 들의 합과 $\hat{Y}_i$ 의 합은 같다.

③ 회귀선은 항상 중심점 $(\bar{x}, \bar{Y})$를 통과한다.

④ 잔차들의 x_i에 의한 가중합 weighted sum은 0이다. $\sum_{i=1}^{n} x_i e_i = 0$

⑤ 잔차들의 추정치 $\hat{Y}_i$ 에 의한 가중합은 0이다. $\sum_{i=1}^{n_i} \hat{Y}_i e_i = 0$

3 모형의 적합성 검정

3.1 가정의 검토

선형직선회귀분석에서 필요한 가정을 요약하면 다음과 같다.

① x와 y의 관계는 선형적이다(선형성).

② 오차항 ε의 평균은 0이고 분산은 σ^2이다(등분산성).

③ 오차항들은 서로 독립적이다(독립성).

④ 오차항들은 정규분포를 하고 있다(정규성).

등이다. 이러한 가정들이 충족되지 않을 때는 이미 설정된 모형이 부적합하다고 볼 수 있으며 이때는 적합한 새로운 모형을 찾든가 변수변환을 통해 가정이 충족되도록 해주어야 한다. 특히 정규성은 신뢰구간추정과 가설검정을 하는 데 필요하다.

이러한 가정에 대한 검토는 잔차분석을 많이 하는데 잔차는 $e_i = Y_i - \bar{Y}_i$로 정의되며 이것은 실측치와 적합치의 편차로서 회귀모형에 의해 설명되지 않는 변이의 척도가 되며 오차로 취급된다. 앞에서 요약한 오차항의 가정에 맞지 않는 내용들은 잔차에 나타나기 때문에 잔차를 분석하면 이에 대한 검토를 할 수 있다. 잔차는 그 합이 0이며 제곱합을 자유도 n-2로 나누는 MSe는 모형이 적합하면 오차분산 σ^2의 불편추정치가 된다.

또한 $di = e_i / \sqrt{MSe}$을 표준화된 잔차 standardized residual 라고 부르며 평균이 0, 분산이 1에 가깝고 실제로 잔차분석에서는 이 값을 많이 사용한다.

잔차를 이용해 이상치 검토, $\hat{Y}_i$와 e_i의 산점도를 이용한 오차의 등분산성 검토 및 잔차의 독립성과 정규성에 대한 검토를 할 수 있다.

잔차는 적합지 $\hat{Y}_i$와 e_i를 산점도로 표시해보면 모형의 부적합성에 대한 몇 가지 형태를 찾아낼 수 있다. $\hat{Y}_i$와 e_i의 산점도가 넓게 퍼져 있으면 별다른 모형상의 결점이 없다는 뜻이며 $\hat{Y}_i$ 값이 변함에 따라 잔차의 분포가 다른 것은 오차의 분산이 동일하지 않다는 의미이다. 모형의 비직선성이 보이는 경우 제곱합과 같은 다른 변수가 추가되거나 변환을 할 수 있다.

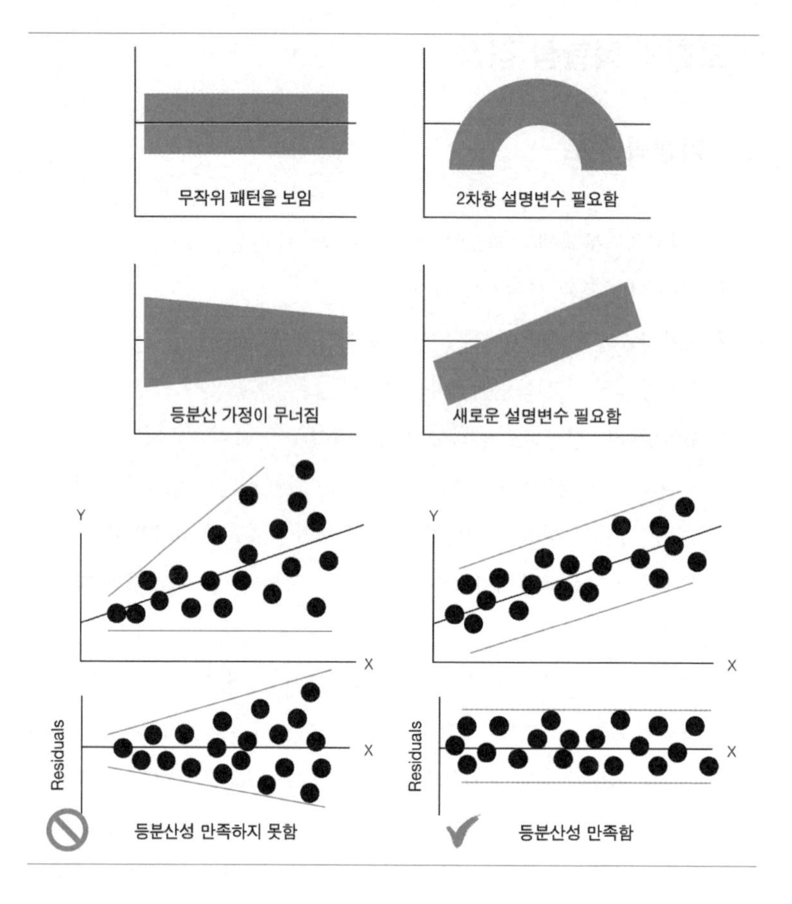

3.2 모형의 변환

선형회귀분석에서는 x와 y의 관계가 직선적이라는 것이 가정이지만 그러한 직선성이 부적합할 때도 있으며 이러한 비직선성은 적합성 결여 검정이나 잔차의 산점도에서 찾아낼 수 있다. 또 경우에 따라서는 사전의 경험이나 이론을 통해 x와 y의 관계가 비직선적이라는 것을 알 때도 있다. 이러한 경우 변환을 함으로써 직선성으로 바꿀 수 있는데 그러한 모형을 본질적 선형모형이라고 한다.

4 회귀분석 사용 시 주의할 점

회귀분석을 사용할 때는 다음과 같은 점에서 유의해야 한다.

① 회귀모형에서 x의 값으로 y를 추정하고자 할 때는 x의 범위 내에서만 추정이 가능하며 x의 범위를 벗어나는 점에서는 추정이 불가능하다. 왜냐하면 x의 범위를 벗어나는 점에서는 모형이 다를 수도 있기 때문이다.

② 최소제곱법의 추정에서는 x값의 위치가 대단히 중요한 역할을 하게 된다. 기울기에 따라 이상치를 제거하거나 최소제곱법이 아닌 다른 방법으로 보다 적합한 모형을 추정하거나 아니면 다른 회귀변수를 추가해 모형을 재설정하는 것이 바람직하다. 극단치가 있는 경우 극단치를 제외하면 기울기는 거의 0에 가까운 것으로 보일 수 있어 하나 또는 소수의 관측치에 따라 모형의 특성이 결정되는 것에 주의해야 한다.

③ 이상치나 불량한 자료가 모형의 적합에 영향을 미치는 경우가 있다. 이상치를 포함해 절편과 회귀계수를 추정하면 그 추정치는 부정확한 것이 될 것이고 잔차평균제곱은 실제보다 크게 추정될 것이다.

④ 회귀분석에서 관계가 있다고 하더라도 그것이 바로 어떤 원인과 결과의 관계가 아닌 경우도 있다. 예를 들어 연도별 인구와 국민소득과의 관계를 회귀식으로 구하면 비록 통계적으로 유의적일 수 있으나 이러한 경우 현실적으로 의미가 없다고 볼 수 있다.

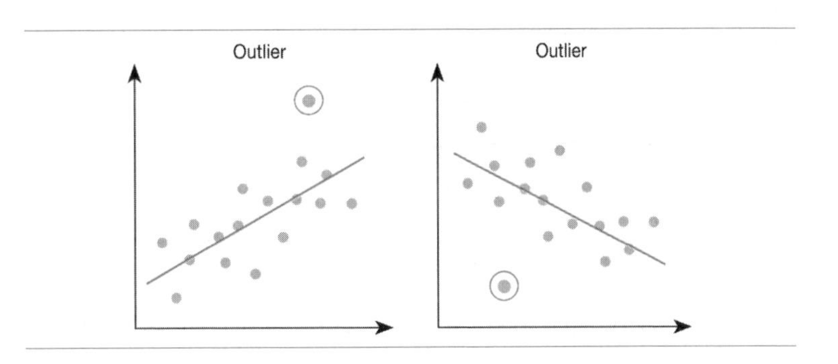

5 최적 회귀모형의 선택

5.1 변수 선택의 기준

독립변수 y에 영향을 미치는 회귀변수 $x_1, x_2, \ldots, x_k$가 있다고 할 때 이들 설명변수들을 어떻게 선택해주는 것이 독립변수 y를 정확하게 설명하면서 회귀변수 x를 최소로 하여 비용과 노력을 적게 들일 수 있는가 하는 것이 중요할 때가 있다. 이때 중요한 것은 어떤 판정기준에 의해 변수를 선택하느냐 하는 것으로서 이 판정기준이 달라지면 최적회귀모형도 달라지게 된다. 판정기준으로 중요한 것은 다음과 같은 것이 있다.

5.1.1 결정계수 Coefficient of Determination

결정계수 R^2=SSr/SSt로서 회귀변동의 전체 변동에 대한 비율을 표시하므로 k개의 회귀변수 중 p개를 택할 때는 결정계수가 높을수록 최적회귀모형이라 할 수 있다. 그러나 p가 일정하지 않을 때는 p가 증가함에 따라 R^2도 증가하게 되므로 일반적으로 R^2에 의한 변수 선택에는 판정자의 주관이 개입되기 쉬워 객관성 결여의 소지가 있다.

5.1.2 수정결정계수 Adjusted Coefficient of Determination

R^2의 단점을 보완하기 위해 다음과 같은 수정결정계수를 사용한다.

$$Ra^2 = 1 - \left(\frac{n-1}{n-p-1}\right)(1-R^2)$$

여기에서 n은 표본 수이고 p는 포함된 회귀변수의 수이다. Ra는 p의 증가함수는 아니지만 다음의 잔차평균제곱과 같은 기준이 된다.

5.1.3 잔차평균제곱 Residual Mean Square

k개의 회귀변수 중 p개를 선택했을 때 잔차평균제곱은 다음과 같다.

$$MSep = \frac{SSep}{n-p-1}$$

여기에서 MSep는 증가함수도 감소함수도 아니며 MSep를 최소로 하는 p의 값이 존재하므로 MSep를 판정기준으로 할 때는 이를 최소로 하는 p를 선택하면 된다.

5.1.4 총제곱오차 Total Squared Error

Cp 통계량이라고도 하며, 다음과 같이 정의된다.

$$Cp = \frac{SSep}{\hat{\sigma}^2} - n + 2(p+1)$$

여기에서 SSep는 p개의 회귀변수를 선택해 회귀방정식을 만들 때의 오차제곱합이며 $\hat{\sigma}^2$은 전체회귀모형에서 추정한 오차제곱평균이다.

5.2 변수 선택의 방법

앞에서 설명한 판정기준에 의해 가장 최적의 회귀변수를 선택하려면 회귀변수들의 많은 조합을 구성해 모형을 적합시켜야 한다. 이를 위해 가장 많이 사용되는 방법은 모든 가능한 회귀를 구하는 방법, 뒤로부터 제거하는 방법, 앞으로부터 선택하는 방법, 단계별 회귀 등이 있다.

5.2.1 모든 가능한 회귀 All Possible Regression

이 방법은 모든 가능한 변수들의 조합을 회귀분석해 보는 것으로 k개의 회귀변수가 있다면 가능한 회귀방정식의 수는 2^k-1 개가 나온다. 특히 k가 많아지면 방정식의 수가 급격히 증가하므로 컴퓨터를 사용하지 않으면 불가능하다. 모든 가능한 회귀분석을 한 다음, 앞에서 설명한 변수 선택의 기준에 의해 변수를 선택하게 되는데 일반적으로 R^2나 잔차평균제곱 또는 C_p 값을 사용한다. 그러나 이때 변수 선택의 기준에 따라 선택되는 변수는 동일하지 않다.

5.2.2 단계별 회귀 Stepwise Regression

모든 가능한 회귀는 계산량이 방대해 k가 큰 경우 많은 시간이 걸린다. 따라서 단계별 회귀에 의해 변수를 선택하고 최적 방정식을 찾는 방법이 많이 이용된다.

첫째, 각 회귀변수들과 반응변수 y와의 단순회귀를 구해 가장 상관계수가 높은 회귀변수 x_p를 찾을 다음 이들로부터 구한 이 회귀방정식 $\hat{Y}=\hat{\beta}_0+\hat{\beta}_1 x_p$가 유의성이 있으면 또 다른 변수를 선택하고 그렇지 않으면 선택할 회귀변수가 없다고 판정한다.

둘째, 나머지 회귀변수를 가지고 $\hat{Y}=\hat{\beta}_0+\hat{\beta}_1 x_p+\hat{\beta}_2 x_i (i \neq p)$을 적합시켜 R^2를 가장 크게 하는 x_i를 선택한 다음 부분 F검정으로 x_i의 추가 선택에 대한 유의성을 검정한다. 이때 x_i의 추가가 유의하지 않으면 $Y=f(x_p)$를 만족하는 회귀방정식으로 하고 x_p만을 선택한다. 선택된 변수 x_i(이 변수를 x_p라 하면)가 유의할 경우 이미 들어간 변수 x_p에 대한 부분 F검정을 하여 유의하면 계속 남겨놓고 유의하지 않으면 제거시킨다.

셋째, x_p와 x_q가 모두 유의해 남아 있는 경우에 다음 변수를 선택해주기 위해 $\hat{Y}=\hat{\beta}_0+\hat{\beta}_1 x_p+\hat{\beta}_2 x_q+\hat{\beta}_3 x_i (i \neq p, q)$을 적합시키고, R^2를 가장 크게 해주는 변수 $x_i(x_r)$을 선택한 다음 부분 F검정으로 x_r에 대한 유의성을 검정해 유의하지 않으면 변수 선택의 절차를 중단하고 x_p와 x_q에 대한 부분 F검정을 시행해 유의하지 않은 변수가 있으면 제거시키고 다음 순서로 넘어간다.

이와 같은 절차를 계속 밟아가면서 새로 선택된 변수가 유의하지 않을 때까지 선택절차가 계속되며 새로 들어온 변수가 유의한 경우 앞에서 들어온 변수들이 계속 유의하게 남아 있는가를 검토한다. 단계별 회귀에서 선택되는 변수는 판정기준의 유의수준에 따라 달라질 수도 있다.

6 로지스틱 회귀모형과 비선형 회귀모형

6.1 로지스틱 회귀모형

회귀모형에서 y는 반응변수로서 연속확률변수이다. 그러나 경우에 따라서 y가 연속적이 아니고 이분 데이터인 경우가 있다. 예를 들어 동물에 대한 실험에서 x는 약제량을 표시하고 y는 반응변수로서 동물의 생사 여부(0 또는 1)를 표시하는 경우를 이분 데이터라고 할 수 있다. 이러한 경우 일반적인 회귀모형을 사용할 수 없고 주어진 x값에서 y값을 비율로 환산한 값, 즉 P(Y=0) 또는 P(Y=1)을 y 대신 사용하여 회귀모형을 구한다. 따라서 $P=\beta_0+\beta_1 x$로 할 수 있는데 이 모형은 일반적인 회귀모형이기 때문에 x의 값에 따라 P의 값이 0과 1의 범위를 벗어날 수 있고 P의 값이 음(−)일 수도 있다. 따라서 $P=e^{\beta_0+\beta_1+x}$ 모형을 생각할 수 있는데 이 모형에서 P의 값이 음(−)이 될 수는 없으나 1보다 클 수 있기 때문에 적합지 않다. 이러한 점을 고려해 y의 값이 0과 1사이에 값을 취할 수 있는 다음과 같은 모형을 생각해볼 수 있는데 이를 로지스틱 모형이라고 한다.

$$P=\frac{e^{\beta_0+\beta_1+\chi}}{1+e^{\beta_0+\beta_1+\chi}}$$

로지스틱 함수는 S자의 형태를 가지며 반응변수의 값이 0과 1의 사이의 값을 갖고 0과 1에 대해 접근한다.

로지스틱 회귀모형은 일반적인 다른 회귀모형과 달리 실험자가 회귀변수의 값을 제어하게 되면 동일한 회귀변수의 수준에 대해 여러 번의 반복 실험을 하고 그 결과에 의해 반응변수의 비율을 얻게 된다.

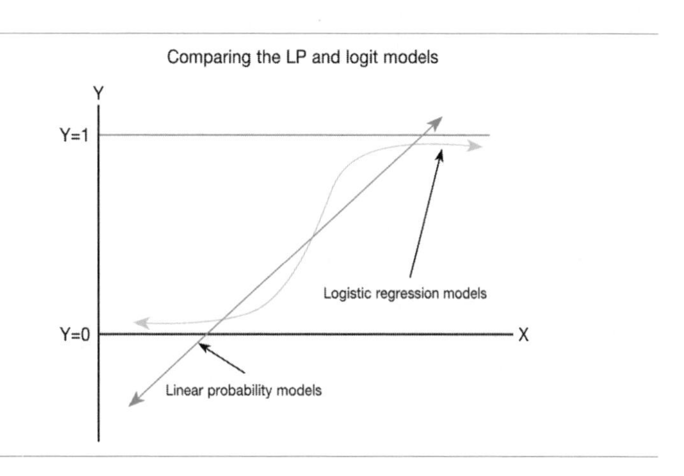

로지스틱함수는 비선형함수이기 때문에 변수를 변환해 선형화해야 한다. 또한 x의 값에 따라 y의 값의 분산이 다르기 때문에 일반적으로 가중회귀방법을 사용하면 $\frac{P}{1-P}=e^{\beta_0+\beta_1 x}$이 된다. 여기서 각 항에 자연대수를 취하면 $\log\left[\frac{P}{1-P}\right]=\beta_0+\beta_1 x$이 된다. 따라서 $P^*=\log\left[\frac{P}{1-P}\right]$라고 하면 $P^*=\beta_0+\beta_1\chi$가 된다.

로지스틱모형을 적합시키는 방법에는 최소제곱법과 최대우도법이 있다. 일반적으로 컴퓨터를 이용한 통계 프로그램에서는 최대우도법을 많이 사용한다.

D-6

다변량분석 Multivariate Analysis

지금까지 주로 하나의 변수에 대한 분석을 주로 하는 단변량분석법에 관해 설명했다. 그러나 대부분의 실험이나 관측의 경우 표본이나 개체에 대해 2개 이상의 변수가 측정되는 경우가 많으며 이때 사용되는 방법이 다변량분석법이다.
단변량분석에서는 하나의 변수에 대해 평균이나 분산을 각각 별개로 분석하여 해석을 하게 되나 다변량분석에서는 여러 변수 간의 관계를 동시에 다루는데 단변량분석은 다변량분석에서 변수가 1개인 특수한 경우에 해당되므로 다변량분석은 단변량분석의 일반화된 형태로 볼 수 있다.

1 다변량 데이터의 구조

1.1 평균벡터와 분산, 공분산 행렬

다변량분석에서는 대부분의 경우 하나의 개체에 대해 p개의 특성치 또는 변수가 측정된다. 이때 i번째 개체에 대해 측정된 j번째 변수를 Y_{ij}로 표시하면 다변량 데이터는 행렬의 형태로 다음과 같이 표시한다.

$$Y=\begin{pmatrix} Y_{11} & Y_{12} & \cdots & Y_{1p} \\ Y_{21} & Y_{22} & \cdots & Y_{2p} \\ \vdots & \vdots & & \vdots \\ Y_{n1} & Y_{n2} & \cdots & Y_{np} \end{pmatrix}$$

또는 $Y=(Y_{ij})n\times p(i=1, 2, \ldots, n \quad j=1, 2, \ldots, p)$로 표시하고 p개의 변수를 확률변수라고 할 때 이들을 각각 $Y_1, Y_2, \ldots, Y_p$로 표시한다. 이때 이들 Y_i의 기대치는 $\mu_i=E(Y_i)(i=1, 2, \ldots, p)$로 표시되며 이때 평균벡터는 다음과 같이 표시된다.

$$\mu = \begin{pmatrix} \mu_1 \\ \mu_2 \\ \vdots \\ \mu_p \end{pmatrix}$$

마찬가지로 확률변수 Y_i의 분산을 σ_i^2로 표시하면 공분산은 $\boldsymbol{\sigma}_{ij}=Cov(Y_i, Y_j)=E[(Y_i-\boldsymbol{\mu}_i)(Y_j-\boldsymbol{\mu}_j)]$로 표시되는데 여기에서 $\boldsymbol{\sigma}_{ij}=\boldsymbol{\sigma}_{ji}$이고 $\sigma_{ii}=\sigma_i^2$이다. 이때 분산과 공분산으로 구성되는 공분산 행렬을 흔히 Σ로 표시한다. 따라서 다음과 같다.

$$\sum = Cov(Y_i,\ Y_j) = \begin{pmatrix} \sigma_1^2 & \sigma_{12} & \cdots & \sigma_{1p} \\ \sigma_{21} & \sigma_2^2 & \cdots & \sigma_{2p} \\ \vdots & \vdots & & \vdots \\ \sigma_{p1} & \sigma_{p2} & \cdots & \sigma_p^2 \end{pmatrix}$$

그러나 실제로 데이터 분석을 할 때는 단변량분석에서와 같이 $\boldsymbol{\mu}$와 Σ을 모르는 경우가 많고 대부분의 경우 이들의 불편추정치인 표본평균벡터 $\bar{y}$와 S를 사용한다.

따라서 I번째 개체의 j번째 변수의 측정치를 y_{ij}라고 했을 때 j번째 변수의 표본평균은 다음과 같다.

$$\overline{Y}_j = \frac{1}{n}\sum_{i=1}^{n} Y_{ij}$$

또 표본분산은 다음과 같다.

$$S_j^2 = \frac{1}{n-1}\sum_{i=1}^{n}(Y_{ij} - \overline{Y}_j)^2$$

그리고 i번째 변수와 j번째 변수의 공분산은 다음과 같이 구할 수 있다.

$$S_{ij} = \frac{1}{n-1}\sum_{k=1}^{n}(Y_{ki} - \overline{Y}_i)(Y_{kj} - \overline{Y}_j)$$

이렇게 해서 구한 다음의 값을 표본평균벡터 또는 평균벡터라고 하고 $p\times p$행렬 $S=(S_{ij})_{p\times p}$을 표본분산·공분산 행렬이라고 한다.

$$\bar{y} = \begin{pmatrix} \overline{Y}_1 \\ \overline{Y}_2 \\ \vdots \\ \overline{Y}_p \end{pmatrix}$$

또한 분산·공분산 행렬을 이용해 $r_{ij} = S_{ij}/\sqrt{S_i^2 S_j^2}$을 구해 $R=(r_{ij})$을 표본상관계수 행렬이라고 하는데 만약 R=I이면 모든 변수들이 서로 무상관하며 $D=diag(S_j^2)$이면 다음과 같은 행렬이 된다.

$$R=D^{-1}SD^{-1}$$

$$S=DRD$$

1.2 다변량 정규분포 Multivariate Normal Distribution

확률벡터 Y의 변수들이 모두 연속적인 경우에 $Y_1, Y_2, \ldots, Y_p$의 분포는 결합확률밀도함수 $f(y_1, y_2, \ldots, y_p)$로 표시할 수 있는데 통계적 방법에서 가장 많이 이용되는 이 분포의 형태는 다변량 정규분포이다. 이 분포의 평균벡터를 μ, 공분산 행렬을 Σ라고 하면 이 확률벡터 Y의 분포는 $N_p(\mu, \Sigma)$로 표시되며 다음과 같은 특성을 갖는다.

① Y_i의 주변확률분포는 $N_p(\mu_i, \sigma_i^2)$이다.

② a와 $b_1, b_2, \ldots, b_p$가 상수일 때 $Z=a+\sum_{i=1}^{p} b_i Y_i$의 분포는 평균이 $a+\sum_{i=1}^{p} b_i \mu_i$이고 분산은 $\sum_{i=1}^{p} b_i^2 \sigma_i^2 + \sum_{i \neq j}^{p} \sum_{j=1}^{p} b_i b_j \sigma_{ij}$이다.

③ 만약 $\sigma_{ij}=0(i \neq j)$, 즉 Σ가 대각행렬이면 $Y_1, Y_2, \ldots, Y_p$는 서로 독립이다. Y가 $N_p(\mu, \Sigma)$일 때 다변량 정규분포함수는 다음과 같이 표현된다.

$$f(Y)=|2\pi\Sigma|^{-1/2}\exp\left[-\frac{1}{2}(y-\mu)\sum^{-1}(y-\mu)\right]$$

2 주성분 분석 PCA: Principal Component Analysis

주성분 분석법은 서로 상관관계가 있는 여러 개의 변수가 있는 경우에 이들을 변환해 원래 데이터의 분산과 같은 양으로 설명이 가능할 수 있도록 새로운 선형조합의 변수를 유도하는 방법이다. 이 방법의 목적은 전체 변이를 설명하기 위해 가능하면 적은 수의 주성분을 추출하고 이를 다시 재정의해 원래의 데이터의 구조를 설명하는 데 있다.

주성분 분석법은 서로 상관이 높은 변수들로부터 무상관의 변수를 유도해내는 것이기 때문에 원래 변수들 간에 상관이 낮거나 없으면 분석의 의미가 없으며 이 경우에는 단지 원래의 변수에 가까운 성분만을 찾아내어 분산의 크기 순서로 나열하는 결과밖에 안 된다.

주성분 분석에서는 흔히 통계적 모형에서 포함되는 오차와는 관계가 없다. 따라서 관측치들이 다변량 정규분포를 하는 경우에 주성분은 보다 여러 가지의 의미를 가질 수 있지만 이러한 정규성의 가정이 반드시 요구되는 것은 아니다.

2.1 주성분의 개념

주성분 분석에서 첫 번째 주성분을 Z_1으로 표시하며 이 제1주성분은 데이터의 전체 변이를 가장 많이 설명하는 것으로서 측정된 변수들을 Y_1, Y_2, ..., Y_p라고 하면 $Z_1 = \alpha_{11}Y_1 + \alpha_{22}Y_2 + \ldots \alpha_{1p}Y_p$로 표시할 수 있는데 여기에서 $\alpha_{11}, \alpha_{12}, \ldots, \alpha_{1p}$는 $\sum_{j=1}^{p} \alpha_{1j} = 1$의 계약조건하에서 Z_1의 분산비율을 가장 크게 할 수 있는 계수이다.

제2주성분은 데이터의 변이를 두 번째로 많이 설명할 수 있는 변수로서 $Z_2 = \alpha_{21}Y_1 + \alpha_{22}Y_2 + \ldots \alpha_{2p}Y_p$로 표시되는데 이때 Z_1과 Z_2는 무상관 변수이다.

일반적으로 p개의 변수가 있을 때 이들로부터 변환된 주성분은 p개로서 이들은 각각 다음과 같은 행렬이 된다.

$$Z_1 = \alpha_{11}Y_1 + \alpha_{22}Y_2 + \ldots \alpha_{1p}Y_p$$
$$Z_2 = \alpha_{21}Y_1 + \alpha_{22}Y_2 + \ldots \alpha_{2p}Y_p$$
$$\vdots \qquad \vdots$$
$$Z_p = \alpha_{p1}Y_1 + \alpha_{p2}Y_2 + \ldots \alpha_{pp}Y_p$$

여기에서 Z_1, Z_2, ..., Z_p를 각각 제1, 제2, ..., 제3주성분이라고 하며 α_{ij}를 고유벡터라고 한다.

2.2 모집단 주성분의 특성

주성분 변수 $Z' = [Z_1, Z_2, \ldots, Z_p]$는 $Z = P'Y$로 쓸 수 있으며 Z의 분산 공분산은 $Var(Z) = P'\Sigma P$이고 Σ를 대치해 정리하면 $Var(Z) = P'(PDP')P = D$가 되며 이때 $P'P = I$이고 Z_j는 서로 무상관이므로 Z_j의 분산은 λ_j가 된다.

이렇게 해서 변환된 주성분들은 각각 다음과 같은 특성을 갖는다.

① $Var(Z_1) > Var(Z_2) > Var(Z_3) > \ldots > Var(Z_p)$

② 고유벡터 α_i'들은 표준화된 값으로서 $\alpha_i'\alpha_i=1$의 값을 갖는다.

③ 주성분들은 공분산은 0이고 따라서 상관계수는 0이다. 즉, $cov(Z_i, Z_j)=0$이다.

④ $\sum_{i=1}^{p} Var(Z_i) = \sum_{i=1}^{p} \sigma_{ij}$ 이다. 즉, 원래 변수 Y_1, Y_2, Y_3, Y_4와 주성분 Z1, Z_2, Z_3, Z_4의 분산의 합은 같다.

주성분을 해석할 때는 주성분 부하량을 이용할 수 있는데 주성분 부하량은 각 변수들과 주성분과의 상관계수이다.

2.3 선택되는 주성분의 수

주성분 분석에서 p개의 변수가 있을 경우 일반적으로 p개의 고유치가 얻어지고 이에 대응하는 고유벡터를 사용하면 p개의 주성분을 얻을 수 있다. 그러나 p개의 주성분 전부를 이용하지 않고 몇 개의 주성분만 가지고도 처음의 변수가 가지고 있던 분산의 대부분을 설명할 수 있는 경우가 많은데 주성분 분석의 목적이 복잡한 변수 간의 관계를 단순화하는 데 있다는 관점에서 본다면 가급적 적은 수의 주성분으로 처음 변수를 설명할 수 있게 하는 것이 바람직하다고 할 수 있다.

이러한 의미에서 실제 주성분 분석을 적용하는 경우 주성분을 몇 개까지 선택해야 하는지가 문제가 된다.

일반적으로 몇 개의 주성분을 택하는 것이 좋다는 기준은 없으나 현상의 단순화라는 점에서는 될 수 있는 한 소수의 주성분을 택하는 것이 바람직하며, 특히 주성분의 구조를 그림으로 나타내는 경우에만 주성분의 수는 2~3개가 편리할 것이다.

3 군집분석 Clustering Analysis

군집분석법은 일련의 개체들을 몇 개의 집단으로 분류하되 집단 내에서는 서로 유사하고 집단 간에는 서로 상이하게 될 수 있도록 하는 과정으로서 흔히 계층적 군집 hierachical cluster과 배반적 군집 exclusive cluster으로 분류된다.

계층적 군집은 처음에 작은 군집으로 분류한 후 다시 군집들을 묶어서 큰 군집으로 분류하는 방법을 말하며 배반적 군집은 처음부터 군집의 수를 정한 다음 여기에 속하는 개체들을 분류하는 방법이다.

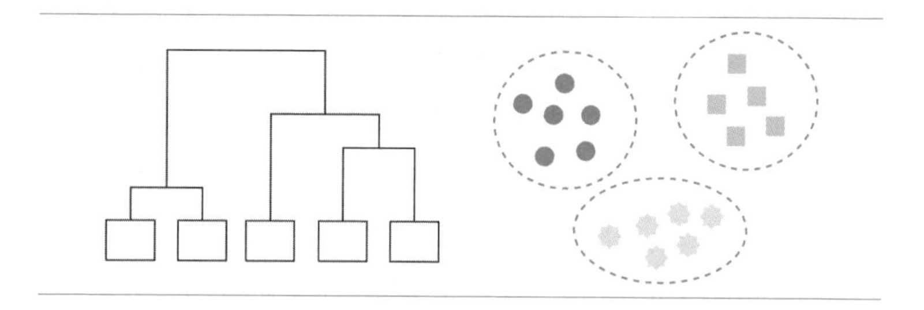

3.1 유사도의 측정

군집분석을 위해서는 기본적으로 각 개체들에 대한 자유도나 거리가 필요하다. 이 측도는 데이터의 특성에 따라 크게 2가지로 나눌 수 있는데 변수인 경우에는 거리형 측도가 사용되고 질적변수인 경우에는 일치형 척도 matching type measure 가 사용된다.

3.1.1 거리 형태의 측도

n개의 개체에 대한 p개의 변수의 측정 데이터를 Y_{ij}라고 할 때, 거리 표현의 측도로 민코스키 Minkowski 거리가 있는데 이것은 다음과 같이 정의된다.

$$d_{ij} = \left\{ \sum_{k=1}^{p} |Y_{ik} - Y_{jk}|^{p} \right\}^{1-p}$$

여기에서 d_{ij}는 i번째 개체와 j번째 개체의 거리를 표시하며 p=2이면 i번째 개체와 j번째 개체의 유클리디언 Euclidian 거리가 되어 다음과 같다.

$$d_{ij} = \left\{ \sum_{k=1}^{p} (Y_{ik} - Y_{jk})^{2} \right\}^{1/2}$$

만일 r=1이면 다음과 같다. 이를 절대거리 또는 시티블록 city-block 거리라고 한다.

$$d_{ij} = \sum_{k=1}^{p} |Y_{ik} - Y_{jk}|$$

유클리디언 거리는 변수의 단위에 따라 변한다. 따라서 원자료를 이용해 거리를 구할 때는 거리가 단위의 변화에 따라 왜곡될 수 있으므로 유의해야 한다.

3.1.2 일치 형태의 측도

일치 형태의 측도는 흔히 연관계수라고도 하며 데이터가 명목척도일 때 사용된다. 이런 형태의 데이터는 일반적으로 0과 1의 값을 가지며 어느 정도 같은 값을 갖느냐 하는 것이 유사도의 측정값이 된다.

각 변수들이 어떤 속성을 갖고 있느냐 없느냐를 조사하면 이원표를 표시할 수 있는데 이 경우 행과 열은 i, j번째 개체의 어떤 속성에 대한 존재 여부가 되기 때문에 이 표의 각 칸에 있는 숫자는 각 개체에 공통인 속성의 수로 요약될 수 있다.

3.2 군집방법

적합한 유사도가 결정되면 다음 단계는 군집방법을 사용해 군집을 하게 되는데 대표적 방법인 계층적 군집방법은 연속적으로 데이터를 분할한다. 이 방법은 일단 하나의 개체가 한 군집에 포함되게 되면 그 개체는 다른 군집에 속한 개체와 섞이지 않는다.

3.2.1 단순연관법 Single Linkage

단순연관법에서는 우선 2개의 개체 간 거리가 가장 작은 것을 첫 번째 군집으로 한다. 다음에는 다른 개체를 첫 번째 군집에 포함시키거나 그렇지 않으면 다른 가까운 두 개체를 묶어 두 번째의 군집으로 한다. 이때 어떤 것을 할 것인지는 비군집화된 개체와 첫 번째 군집 간의 거리와 비군집화된 2개의 개체 거리의 크기에 따라 결정된다. 이 과정을 모든 개체가 하나의 단일군집을 형성할 때까지 반복한다.

이 방법에서 군집 간의 거리는 가장 가까운 것을 사용한다.

3.2.2 완전연관법 Complete Linkage

이 방법은 단순연관법과 반대 방법으로서 두 행을 합해 군집을 만들 때 이 군집과 다른 개체 간의 거리에 가장 먼 것을 취하는 방법이다.

3.2.3 **평균연관법** Average Linkage

군집 간의 거리를 계산할 때 평균거리를 사용하며 계산하는 방법 중 가장 간단한 것은 $\frac{1}{n_i n_j}\sum_i\sum_j d_{ij}$ 이다. 여기서 d_{ij}는 첫 번째 군집에 있는 i번째 개체와 두 번째 군집에 있는 j번째 개체 간의 거리이며 거리의 합계는 두 군집에 있는 모든 변수에 대해 계산한다.

D-7

시계열분석 Time Series Analysis

시계열 분석이란 과거의 자료로부터 얻어진 패턴이 미래에도 유지될 것이라는 가정을 하고 예측하는 분석기법으로 누적되어 있는 과거의 자료를 살펴보고 추세요인, 순환요인, 계절요인, 불규칙요인 등의 패턴을 찾는 것이 중요하다.

1 시계열 자료의 특성 및 시계열분석의 목적

시계열 자료란 시간과 더불어 관측된 자료를 말한다. 일반적으로 자료는 횡단면 자료 cross-sectional data 와 종단면 자료 time series data 2가지로 구분하는데 시계열 자료가 종단면 자료에 해당한다. 횡단면 자료란 고정된 시간에서 측정된 자료를 의미하며 조사 survey에 의해 수집된 자료를 대표적인 경우로 생각할 수 있다. 횡단면 자료는 측정 시간이 고정되어 있는 반면 다양한 성격의 자료로 구성된다. 시계열 자료의 사례는 주가지수 자료 같은 매 단위 시간에 따라 측정되어 생성된 자료를 의미하며 단위 시간은 일, 월, 분기, 년 등 다양한 형태로 표시될 수 있다. 횡단면 자료의 경우 관측 값의 독립성이 가정되는데 종단면 자료의 경우 관측 값 사이의 상호연관성이 정보 획득을 위한 중요한 도구로 사용된다.

시계열분석에서는 과거의 자료로부터 얻어진 변화의 패턴이 미래에도 유지될 것이라는 가정을 하고 이것을 전제로 예측을 하게 된다. 그러므로 시계열분석을 하기 위해서는 누적되어 있는 과거의 자료를 유심히 살펴볼 필요가 있다.

시계열 자료의 패턴을 찾기 위해서는 시도표에 의해 시계열의 구성 요인을 파악해야 한다.

시계열의 구성 요인은 4가지로 구분한다.

1.1 추세요인 Trend Factor

기술의 변화, 소비 형태의 변동, 인구 변동, 인플레이션이나 디플레이션 등의 영향을 받아 시계열 자료에 영향을 주는 장기변동 요인이다.

1.2 순환요인 Cycle Factor

통상적으로 2년에서 10년의 주기를 가지고 순환하는 시계열의 구성 요소로 중기변동 요인에 해당한다.

1.3 계절요인 Seasonal Factor

주로 1년을 단위로 발생하는 시계열의 변동 요인으로 추세요인이나 순환요인에 비해 상대적으로 단기변동에 해당한다.

1.4 불규칙요인 Irregular Factor

측정 및 예측이 어려운 오차변동을 의미한다.

모형적인 관점에서 시계열 z_t는 시계열 구성 요인의 결합 방법에 따라 가법모형 additive model과 승법모형 multiplicative model 으로 구분한다.

$$\text{가법모형} : z_t = TC_t + S_t + I_t$$

$$\text{승법모형} : z_t = TC_t \times S_t \times I_t$$

여기서 TC_t는 추세요인과 순환요인을 함께 고려한 추세순환 요인, S_t는 계절요인, I_t는 불규칙요인을 나타낸다. 가법모형은 시계열의 구성 요소가 서로 독립일 경우에 사용하며 승법모형은 시계열의 구성 요소가 상호의존적인 경우에 많이 쓰인다. 승법모형은 양변에 log 함수를 사용함으로써 항상 가법모형의 형태를 바꾸어줄 수 있으므로 $\log(z_t) = \log(TC_t) + \log(S_t) + \log(I_t)$ 승법모형을 사용하는 경우가 많다. 시계열의 구성 요인들은 시계열 분해 기법을 이용해 시계열로부터 실제로 구분해낼 수 있다. 그러므로 시계열분석은 시계열의 구성 요인 중 불규칙요인(I_t)의 크기를 얼마나 줄이느냐, 불규칙요인을 제외한 나머지 요인들의 설명량을 얼마나 늘려주느냐에 달려 있다고 볼 수 있다.

2 시계열분석 방법

변동이 작은 시계열과 변동이 큰 시계열은 시계열의 구성 요소가 어떻게 움직이느냐에 따라 영향을 받게 된다.

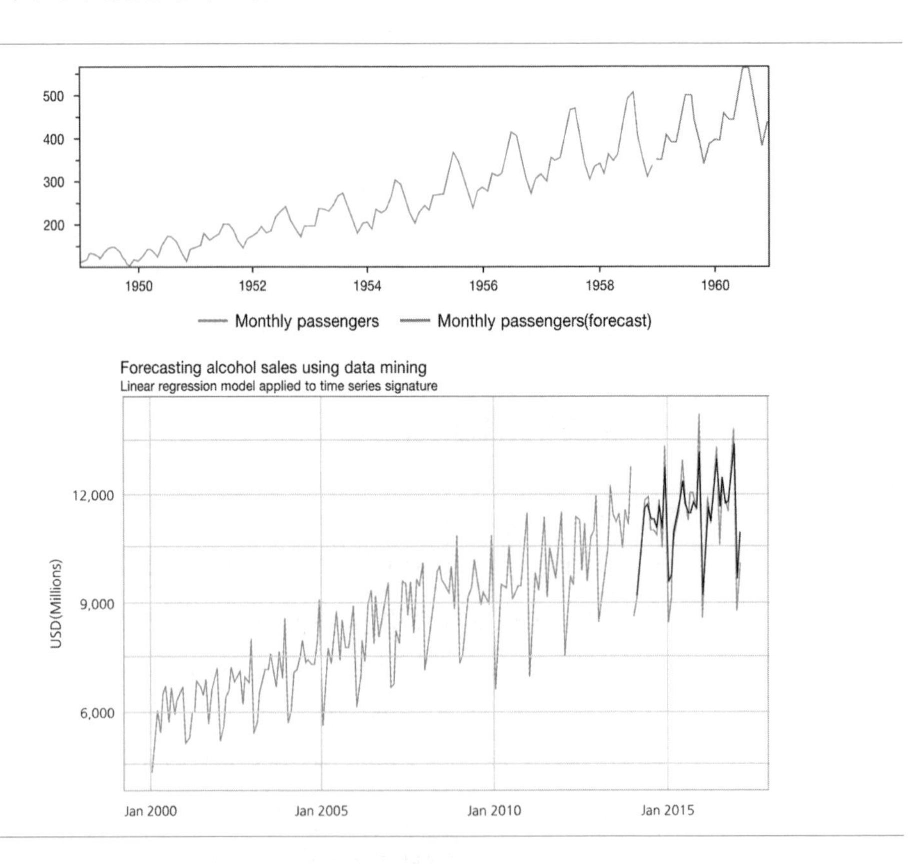

여기서 시계열의 구성 요소가 시간에 의존해 움직인다는 의미는 선형모

형에서 회귀계수가 시간에 따라 변화한다는 것을 의미한다. 시계열의 구성 요소 중 불규칙요인을 제외하고 나머지 요인이 움직이지 않는다는 가정이 충족되면 시계열의 구성 요소가 움직이지 않으므로 시계열의 변화는 단지 불규칙요인에 의한 매우 적은 변동을 갖는 모습을 나타내게 된다. 그러므로 이와 같은 경우는 회귀분석을 사용해 장기예측이 가능해진다. 하지만 많은 시계열들이 시간에 의존해 구성 요소가 빠르게 변화하는 양상을 보이므로 예측은 어려워지고 단기예측만이 가능하다.

또 다른 기준은 시계열의 차수이다. 차수에 따라 단변량시계열 univariate time series analysis과 다변량시계열분석 multivariate time series analysis으로 나눌 수 있다. 단변량시계열분석은 관찰된 시계열이 다른 시계열과 독립적으로 움직이는 경우에 사용하고 다변량시계열분석은 관찰된 시계열이 독립적으로 움직이지 않고 다른 시계열들과 영향을 주고받는 경우 이들과 관련된 시계열들을 동시에 고려하여 분석할 때 사용한다.

3 추세를 이용한 시계열회귀분석

시계열 자료를 이용한 예측 방법의 하나로 회귀분석 regression analysis을 사용할 수 있는데 회귀분석을 이용해 예측 값을 얻어내는 데는 3가지 정도의 어려움이 있다. 첫 번째로 시계열 자료의 경우 시간의 흐름에 따라 많은 변동을 갖게 되어 선형 적합선을 사용하는 회귀분석으로는 시계열 자료의 모형화에 제한적일 수밖에 없다. 두 번째로 회귀분석에서 미래에 대한 예측은 독립변수의 예측이 선행되어야 하므로 현실적인 어려움이 있게 된다. 마지막으로 시계열 자료는 본질적으로 자기상관 autocorrelation이 존재하므로 회귀분석에서 오차항에 대한 가정을 위반하게 된다. 따라서 시계열 자료에 대한 회귀분석은 이 문제들을 어떻게 효과적으로 해결하느냐에 관한 것이 중요한 문제가 된다.

시계열 z_t를 추세를 이용해 표현하면 다음과 같다.

$$z_t = TR_t + \varepsilon_t$$

z_t : 시점 t에서의 관측값

TR_t : 시점 t에서의 추세

ε_t : 시점 t에서의 오차항

이 모형은 시계열 관측 값들이 시계열의 추세를 중심으로 임의의 변동을 가질 때 의미를 갖게 된다.

4 계절효과를 반영한 시계열회귀분석

연별 자료의 경우 계절변동seasonal variation을 찾아볼 수 없지만 월별 또는 분기별로 측정되는 시계열 자료는 많은 경우 계절변동을 뚜렷이 확인할 수 있으므로 계절변동은 반드시 고려해야 하는 요인이다.

시계열분석에서 계절요인을 분석모형 내에 반영하기 위해 계절요인의 변동을 시간의 변화에도 일정하게 변동량을 유지하는 고정계절변동fixed seasonal variation과 시간이 변화함에 따라 증가하는 확산계절변동increasing seasonal variation으로 나눌 수 있다.

$$z_t = TR_t + SN_t + \varepsilon_t$$

z_t : 시점 t에서의 관측값

TR_t : 시점 t에서의 추세

SN_t : 시점 t에서의 계절 요인

ε_t : 시점 t에서의 오차항

5 지수평활법 Exponential Smoothing

시계열분석 방법은 시간에 따라 시계열의 구성 요소가 느리게 또는 빠르게 변동함에 따라 분석이 가능했다. 시계열의 변동이 빠르다는 것은 예측모형을 만들기가 수월하지 않다는 것을 의미한다. 시계열의 구성 요소가 시간에 따라 느리게 또는 규칙적인 형태를 보여주는 경우 시계열 예측 방법을 지수평활법이라고 한다. 지수평활법은 시계열의 구성 요소를 점검하는 것만으로 적용 여부를 판단할 수 있으며 복잡한 이론적 배경보다는 경험적인 분석 방법으로 실무적 활용 가치가 높다고 볼 수 있다.

시계열을 $z_t = 1, 2, \ldots, T$라고 할 때 예측값을 $\bar{z} = \sum_{t=1}^{T} z_t / T$로 할 수 있다. 이는 예측 값을 구하기 위해 시간에 무관하게 시계열 자료에 1/T의 동일한 가중치를 주는 것을 의미한다. 지수평활법에서는 최근 값에 더 많은 가중치를 부여함으로써 시계열 구성 요인의 느린 변동을 모형 내에 반영하도록 하는 가중평균의 개념으로 최근 값으로부터 과거 값까지 지수적 감소 exponential decay 형태의 가중치를 주는 것이다.

지수평활법은 크게 단순지수평활법 simple exponential smoothing, 일모수지수평활법 one-parameter double exponential smoothing, 홀트-윈터스 이중지수평활법 Holt-Winter's double exponential smoothing, 가법윈터스방법 additive Winters' method, 승법윈터스방법 multiplicative Winters' method으로 나누고 있다.

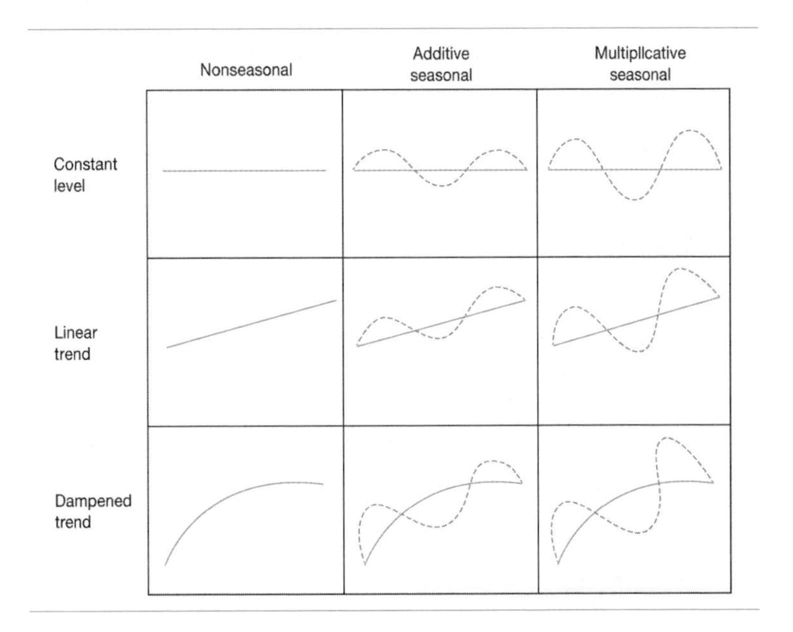

지수평활법과는 다르게 확률모형을 기반으로 한 시계열분석 방법인 ARIMA 모형에 대응하는 지수평활법은 다음과 같다.

지수평활법	ARIMA
단순지수평활법	ARIMA(0, 1, 1)
이중지수평활법	ARIMA(0, 2, 2)
완화 추세 지수평활법	ARIMA(1, 1, 2)
가법윈터스지수평활법	ARIMA(0, 1, p+1)(0, 1, 0)$_p$

6 비계절형 ARIMA 모형

6.1 정상시계열과 ARMA 모형

시계열을 어떤 확률과정stochastic process의 실현으로 보면, 일련의 확률모형을 가정하고 자료와 잘 부합되는 모수parameter의 값을 찾아 적합모형을 생성하여 분석 및 예측한다.

6.1.1 백색잡음과정 White Noise Process

$\alpha_1, \alpha_2, \ldots, \alpha_t, \ldots$를 평균이 0이고 분산이 σ^2인 동일한 분포로부터 서로 상관되어 있지 않도록 얻어지는 확률변량이라고 할 때, 백색잡음과정은 $z_t = \mu + \alpha_t$, $t=1, 2, \ldots, T, \ldots$로 정의된다. 여기서 μ는 평균수준을 나타내는 모수이다. 이 모형에서 z_t와 $z_{t'}$은 무상관no coreelation 관계에 있다. $(t \neq t')$, 즉 임의의 시차 $k(\neq 0)$의 자기상관계수 $\rho_k = Corr(z_t, z_{t-k}) = 0$이 된다.

6.1.2 확률보행과정 Random Walk Process

$\alpha_1, \alpha_2, \ldots, \alpha_t, \ldots$를 확률변량이라고 할 때, 확률보행과정은 $z_0 = \mu$, $z_t = z_{t-1} + \alpha_t$, $t=1, 2, \ldots$,로 정의된다. 이를 반복적으로 풀면 $z_t = \mu + \alpha_1 + \alpha_2 + \ldots + \alpha_{t-1} + \alpha_t$, $t=1, 2, \ldots$,이다. 즉, 현시점의 계열 값 z_t는 백색잡음(랜덤 쇼크)들의 누계가 된다. 이 과정의 특징은 ρ_t가 시차 k만의 함수가 아니라 t와 k의 복합함수로 표현된다는 점이다.

6.1.3 정상확률과정 Stationary Process

다음 세 조건을 만족하는 확률과정을 정상시계열이라고 한다.

① 평균이 일정하다.

모든 t에 대해 $E(z_t) = \mu$

② 분산이 존재하며 상수이다.

모든 t에 대해 $Var(z_t) = \gamma(0) < \infty$

③ 두 시점 사이의 자기공분산은 시차에만 의존한다.

모든 t와 s에 대해 $Con(z_t, z_s) = \gamma(|t-s|)$

추세를 갖는 시계열은 우선적으로 정상시계열의 범주가 아니다. 정상성

stationary 조건 ①을 만족하지 못하기 때문이다. 또한 계열 값의 변동이 증가하거나 감소하는 경향이 있으면 조건 ②를 만족하지 않는다. 조건 ③은 반복이 없는 경우에 만족하지 않는다. 따라서 세 조건을 모두 만족하는 정상시계열은 매우 제한적인 모습을 갖게 된다.

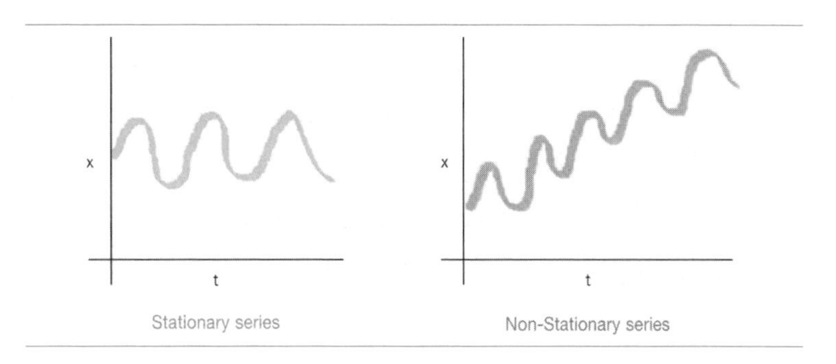

정상확률과정 중 대표적인 모수적 확률모형은 ARMA(p, q)로 표기되는 자기회귀이동평균과정 autoregressive moving average process 이다. 정상시계열 $\{z_t\}$의 평균이 $E\{z_t\}=0$이라고 가정한다.

6.2 자기회귀과정 autoregressive process

자기회귀과정은 AR(p) 과정이라고 하며 ARMA(p, q) 과정의 특수한 경우이다. 자기회귀과정은 시계열의 현재 값은 과거의 영향을 받아 실현된다고 가정하는 것이다.

AR(p) 과정에서 p=1인 경우 AR(1) 과정은 $|\varphi|<1$이라는 가정하에 다음과 같은 구조식을 갖는 모형이다.

$$z_t=\varphi z_{t-1}+\alpha_t$$

여기에서 α_t는 평균이 0이고 분산이 σ^2인 백색잡음과정이고 모든 k>0에 대해 $Cov(\alpha_t, z_{t-k})=0$인 무상관관계가 된다. AR(1) 과정은 z_t를 설명하는데 가장 최초의 값인 z_{t-1}이 가장 많은 정보를 가지고 있고 시간이 과거로 갈수록 정보의 양이 줄어드는 시계열 자료에 적합한 모형이다.

AR(2) 과정은 시계열 자료가 월별로 측정되었다고 했을 때 현재의 시계열 자료는 1개월 전과 2개월 전의 자료로부터 많은 영향을 받는 것으로 보는 모형이며, 모형식은 $z_t=\varphi_1 z_{t-1}+\varphi_2 z_{t-2}+\alpha_t$로 AR(1) 과정에서 확장된 형태이다. 여기에서 α_t는 평균이 0이고 분산이 σ^2인 백색잡음과정이고 모든 $k>0$에 대해 $Cov(\alpha_t, z_{t-k})=0$으로 AR(1) 과정에서와 마찬가지로 무상관관계가 된다.

AR(p) 과정은 AR(1) 과정과 AR(2) 과정을 일반화한 것으로 차수 p를 가지고 있는 자기회귀과정 autoregressive process with order p이라고 하고 AR(p) 과정이라고 표기한다. 즉, z_t를 설명하는데 z_{t-1}, z_{t-2}, … z_{t-p}는 정보를 가지고 있고 z_{t-p} 이후의 값은 지수적으로 감소하는 정보를 가지는 시계열에 적합한 모형이다. AR(p) 과정의 수학적 모형은 $z_t=\varphi_1 z_{t-1}+\varphi_2 z_{t-2}+\ldots+\varphi_p z_{t-p}+\alpha_t$이다. 이 모형 역시 α_t는 평균이 0이고 분산이 σ^2인 백색잡음과정이고 모든 $k>0$에 대해 $Cov(\alpha_t, z_{t-k})=0$임을 가정하고 있다.

6.3 이동평균과정

어떤 시계열 z_t를 설명하는데 z_{t-1}만이 정보를 가지고 있고, z_{t-k}, $k\geq 2$는 정보를 가지고 있지 않는 확률과정의 경우 z_t의 정보를 z_{t-1}만 갖고 있기 때문에 시계열의 추세가 존재하지 않는다는(추세선의 기울기가 0) 것을 의미하며 $E(z_t)$를 시계열의 추세선으로 볼 수 있다. 하지만 이런 시계열도 $E(z_t)$를 중심으로 적게나마 변동하게 되므로 변동량이 확률과정에 포함되어야 한다. 이 변동들을 백색잡음과정 α_t의 누적평균으로 표현되도록 하는 것이 이동평균과정 moving average process 이라고 하고 MA(q) 과정으로 표시한다.

MA(1) 과정을 이동평균과정에 따라 표현하면 $z_t=\mu+\alpha_t+\theta\alpha_{t-1}$로 할 수 있다. 여기서 α_t는 평균이 0이고 분산이 σ^2인 백색잡음과정이다. 과거 한 시점 전까지의 백색잡음과정 α_{t-1}까지를 이용하게 되므로 MA(1)이라고 한다. MA(1) 과정의 모형식은 편리성을 위해 $\mu=0$이라는 가정하에서 $z_t=\mu+\alpha_t+\varphi\alpha_{t-1}$ 대신 $z_t=\alpha_t-\theta\alpha_{t-1}$와 같은 표현법을 주로 사용한다. z_t를 설명하는데 z_{t-1}만이 정보를 가지게 되며 MA(1) 과정을 따르는 시계열은 정상시계열의 조건을 만족한다.

일반화된 모형, z_{t-1}, z_{t-2}, …, z_{t-p}만이 z_t를 설명하기 위한 정보를 가지고 있을 때의 모형은 $z_t=\alpha_t-\theta_1\alpha_{t-1}-\theta_2\alpha_{t-2}-\ldots-\theta_{q-1}\alpha_{t-q-1}-\theta_q\alpha_{t-q}$가 되고 이를 MA(q) 과정이라고 표시한다.

MA(q) 과정에서는 자기공분산 또는 자기상관이 주어졌을 때 θ_1, …, θ_q

를 유일하게 결정하기 위해, 그리고 MA(q)를 AR 형태로 표현할 수 있도록 가역성 invertibility 조건을 두는 것이 상례이다.

가역성 조건: $\theta(B)=0$의 모든 근의 절댓값이 1보다 커야 한다.

6.4 ARMA(p, q) 과정

시계열 z_t가 두 확률과정(AR(p), MA(q))에 의해 따로따로 설명된다고 생각하는 것보다 두 확률 과정이 동시에 작동한다고 생각하는 것이 보다 합리적이다. 그러므로 AR(p) 과정과 MA(q) 과정을 합치면 $z_t=\varphi_1 z_{t-1}+\ldots+\varphi_p z_{t-p}+\alpha_t-\theta_1\alpha_{t-1}-\ldots-\theta_q\alpha_{t-q}$이 되고 이를 ARMA(p, q) 과정이라고 표기한다. ARMA(p, 0)는 AR(p) 과정이 되고 ARMA(0, q)는 MA(q) 과정이 된다.

ARMA(p, q)의 정상성 조건은 AR(p) 과정의 정상성 조건과 일치하고 가역성 조건은 MA(q)와 일치하게 된다.

7 비정상시계열과 ARIMA 모형

우리가 접하는 대부분의 시계열 자료는 추세를 가지고 있거나 변동이 불규칙하므로 정상성 가정을 충족시키지 못한다. 따라서 시계열 자료를 분석하기 위해서는 비정상시계열을 정상시계열로 바꾸어주는 사전 절차가 필요하다.

앞에서 다룬 정상시계열은 추세를 가질 수 없다. 왜냐하면 정상시계열의 평균은 일정해야 하기 때문이다. 선형추세를 갖는 시계열을 정상확률과정으로 모형화하기 위해서는 차분differencing으로 원계열 값들을 대치시킨 후 ARMA 모형으로 변환하는 것이다. z_t의 1차 차분은 다음과 같이 정의된다.

$$\alpha=\pm1, \pm1/2, \pm1/3, \pm1/4$$

$$\nabla z_t \equiv z_t-z_{t-1}=(1-B)z_t$$

그리고 z_t의 2차 차분은 다음과 같다.

$$\begin{aligned}\nabla^2 z_t \equiv \nabla\nabla z_t &= (z_t-z_{t-1})-(z_{t-1}-z_{t-2})\\ &=(1-B)^2 z_t=(1-2B-B^2)z_t\\ &=z_t-2z_{t-1}+z_{t-2}\end{aligned}$$

만약 d차 다항식 추세를 갖는 시계열에서 추세를 제거하기 위해서는 d차 차분(즉, $\nabla^d z_t$)을 해야 한다는 것을 알 수 있다. 그러나 실제 자료 분석에서 3차 이상의 차분을 시도하는 경우는 극히 드물다.

많은 시계열의 경우 추세가 증가함에 따라 계열의 변동이 커지는 것이 보통이라 차분만으로는 시계열을 정상화할 수 없어 원 시계열에 대해 변환을 통해 분산을 안정화하게 된다. 이를 분산안정화변환 VST: Variance Stabilizing Transformations 이라고 하며 주로 멱변환 power transformation 을 사용한다.

멱변환은 Box-Jenkins Transformation이라고도 불린다.

$$g(z) = \begin{cases} \dfrac{z^{\alpha} - 1}{a} & \alpha \neq 0 \\ \log(z) & \alpha = 0 \end{cases}$$

일반적으로 t가 증가함에 따라 분산이 증가하면 log(z)의 변환을 취하고, $\alpha = \pm 1, \pm 1/2, \pm 1/3, \pm 1/4$의 값을 사용한다.

여기서 a를 변환모수 transformation parameter 라고 한다. 이 a 값에 따라 다양한 형태의 멱변환이 가능하며 다소 복잡한 연산을 통해 분산안정화를 이루는 최적의 a값도 찾을 수 있다.

ARIMA(p, d, q)는 $\nabla^d z_t = w_t$가 ARMA(p, q)를 따를 때 z_t가 ARIMA(p, d, q)를 따른다고 한다. 즉, $w_t = \varphi_1 w_{t-1} + \ldots + \varphi_p w_{t-p} + \alpha_t - \theta_1 \alpha_{t-1} - \ldots - \theta_q \alpha_{t-q}$에서 이를 모형식으로 표현하면 $(1B)^d z_t \varphi(B) = \theta(B)\alpha_t$이 되므로 다음과 같다.

$$(1-B)^d z_t = \frac{1-\theta_1 B - \cdots - \theta_q B^q}{1-\phi_1 B - \cdots - \phi_p B^p}\alpha_t = \frac{\theta(B)}{\phi(B)}\alpha_t$$

여기서 α_t는 기댓값이 0이고 분산이 σ^2인 백색잡음과정이다.

비정상시계열 $\{z_t\}$에 관한 대표적인 모수적 모형은 ARIMA(p, d, q)로 표기되는 자기회귀이동평균누적과정 autoregressive integrated moving average process 이다.

ARIMA(p, d, q) 과정에서 d의 값은 차분의 수, 즉 1차 차분인 경우는 d=1, 2차 차분인 경우는 d=2가 된다. 따라서 d=0인 경우는 ARMA(p, q) 과정이 된다.

범주형 자료 분석

Categorial Data Analysis

실험 결과를 측정하거나 통계 조사를 할 때 경우에 따라서 특정 결과가 어떤 속성에 따라 여러 개로 분류되어 도수로 되어 있는 경우가 있는데 이러한 자료를 범주형 자료(categorial data)라고 한다.

1 적합도 검정 Goodness of Fit Test

적합도 검정에서는 N개의 실험 대상을 택해 서로 배반인 k개의 범주에 속하는 도수 $f_1, f_2, \ldots, f_k$를 측정하는데 이때 각 실험 대상이 i번째 범주에 속할 확률을 $p_i (i=1, \ldots, k)$라고 하면 각 칸의 도수는 다항분포를 따르며 이때의 자료 구조는 다음과 같다.

범주	1	2	…	k	계
측정도수	f_1	f_2	…	f_k	N
미지의 확률	p_1	p_2	…	p_k	1

각 범주의 확률 값에 대해 귀무가설과 대립가설을 검정하는 경우,

$$H_0 : p_i = p_{i0} (i=1, 2, \ldots, k)$$

$$H_1 : p_i \neq p_{i0}(\text{최소한 1개 이상의 범주에 대하여})$$

귀무가설 H_0가 사실이라면 i번째 범주의 기대도수는 $E(f_i)=NP_{io}$로 주어진

다. 따라서 실제 측정도수 n_i와 기대도수가 차이가 나면 귀무가설이 옳지 않음을 뜻하게 되는데 이에 대한 검정은 χ^2 검정으로 할 수 있다. 기대도수와 관측도수의 차이에 대한 검정통계량의 값은 다음과 같다.

$$\chi^2 = \sum_{i=1}^{k} \frac{(f_i - F_i)^2}{F_i} = \sum_{i=1}^{k} \frac{(f_i - Np_{i0})^2}{Np_{i0}}$$

귀무가설이 사실일 때 이 값은 χ^2_{k-1} 값을 근사적으로 따른다. 따라서 $\chi^2_0 > \chi^2_{(\alpha,\, k-1)}$이면 유의수준 α에서 귀무가설을 기각한다.

2 독립성 검정 Test of Independence

조사 대상인 모집단에서 N개의 실험 대상을 택해 2개의 인자 A, B의 각 범주인 a_i와 b_j에 속하는 도수를 관측했을 경우 그 결과를 y_{ij}라고 하면 자료 구조는 아래와 같고 이를 분할표 contingency table라고 한다.

A/B	b_1	b_2	…	b^c	계
a_1	y_{11}	y_{12}	…	y_{1c}	y_{1+}
a_2	y_{21}	y_{22}	…	y_{2c}	y_{2+}
⋮	⋮	⋮	⋮	⋮	⋮
a_r	y_{r1}	y_{r2}	…	y_{rc}	y_{r+}
계	y_{+1}	y_{+2}	…	y_{+c}	y_{++}(N)

두 가지 속성이 서로 관련성이 없다는 독립성 검정의 가설은 다음과 같다.

$H_0 : p_{ij} = p_i p_j (i=1, 2, \ldots, r : j=1, 2, \ldots, c)$

$H_1 : p_{ij} \neq p_i p_j$

즉, 귀무가설하에서 A와 B는 서로 독립적이다. 이 가설을 검정하기 위한 검정통계량값 χ^2_0은 귀무가설하에서 자유도가 (r-1)(c-1)인 χ^2 분포를 따른다. 따라서 $\chi^2_0 > \chi^2_{(\alpha,\, (r-1)(c-1))}$이면 유의수준 α에서 귀무가설을 기각한다.

여기에서 y_{i+}의 추정치 $\hat{p}_i$, $\hat{p}_j$는 다음과 같다.

$\hat{p}_i = y_i / N$

$\hat{p}_j = y_j / N$

그래서 각 범주 내의 기대도수는 $\hat{y}_{ij} = N\hat{p}_{i.}\hat{p}_{.j} = \frac{y_{i+}y_{+j}}{N}$로 추정한다. 절대적인 기준은 없지만 각 칸의 기대도수가 5 미만인 칸이 전체의 20%를 초과할 때 χ^2 검정은 주의해야 한다.

Algorithm and Statistics

찾아보기

각 권의 차례

이터베이스 | 분산 데이터베이스 | 객체지향 데이터베이스 | 객체관계 데이터베이스 | 메인 메모리 데이터베이스 | 실시간 데이터베이스 | 모바일 데이터베이스 | 임베디드 데이터베이스 | XML 데이터베이스 | 공간 데이터베이스 | 멀티미디어 데이터베이스 | NoSQL 데이터베이스

4권 소프트웨어 공학

A 소프트웨어 공학 개요 소프트웨어 공학 개요
B 소프트웨어 생명주기 소프트웨어 생명주기
C 소프트웨어 개발 방법론 소프트웨어 개발 방법론
D 애자일 방법론 애자일 방법론
E 요구공학 요구공학
F 소프트웨어 아키텍처 소프트웨어 아키텍처
G 프레임워크/디자인 패턴 프레임워크 | 디자인 패턴
H 객체지향 설계 객체지향 설계 | 소프트웨어 설계 | UML
I 오픈소스 소프트웨어 오픈소스 소프트웨어
J 소프트웨어 테스트 소프트웨어 테스트 | 소프트웨어 테스트 기법 | 소프트웨어 관리와 지원 툴
K 소프트웨어 운영 소프트웨어 유지보수 | 소프트웨어 3R | 리팩토링 | 형상관리
L 소프트웨어 품질 품질관리 | 품질보증 | CMMI | TMMI | 소프트웨어 안전성 분석 기법
M 소프트웨어 사업대가산정 소프트웨어 사업대가산정 | 프로세스 및 제품 측정
N 프로젝트 프로젝트관리 | 정보시스템 감리

5권 ICT 융합 기술

A 메가트렌드 주요 IT 트렌드 현황 | 플랫폼의 이해 | 기술 수명 주기 | 소프트웨어 해외 진출
B 빅데이터 서비스 빅데이터 서비스의 개요 | 빅데이터 아키텍처 및 주요 기술 | 빅데이터 사업 활용 사례 | 빅데이터와 인공지능 | 데이터 과학자 | 빅데이터 시각화 | 공간 빅데이터 | 소셜 네트워크 분석 | 데이터 레이크 | 데이터 마이닝 | NoSQL | 하둡 | 데이터 거래소 | 빅데이터 수집 기술 | TF-IDF
C 클라우드 컴퓨팅 서비스 클라우드 컴퓨팅의 이해 | 클라우드 컴퓨팅 서비스 | 가상화 | 데스크톱 가상화 | 서버 가상화 | 스토리지 가상화 | 네트워크 가상화 | 가상 머신 vs 컨테이너 | 도커 | 마이크로서비스 아키텍처 | 서버리스 아키텍처
D 인텔리전스 & 모빌리티 서비스 BYOD | CYOD | N-스크린 | 소셜 미디어 | LBS | RTLS | WPS | 측위 기술 | 커넥티드 카 | ADAS | 라이다 | C-ITS | V2X | 드론(무인기)
E 스마트 디바이스 증강현실 | 멀티모달 인터페이스 | 오감 센서 | HTML5 | 반응형 웹 디자인 | 가상현실과 증강현실 | 스마트 스피커
F 융합 사업 스마트 헬스와 커넥티드 헬스 | 자가 측정 | EMS | 스마트 그리드 | 스마트 미터 | 사물인터넷 | 게임화 | 웨어러블 컴퓨터 | 스마트 안경 | 디지털 사이니지 | 스마트 TV | RPA | 스마트 시티 | 스마트 팜 | 스마트 팩토리 | 디지털 트윈
G 3D 프린팅 3D 프린팅 | 4D 프린팅 | 3D 바이오프린팅
H 블록체인 블록체인 기술 | 블록체인 응용 분야와 사례 | 암호화폐 | 이더리움과 스마트 계약 | ICO
I 인공지능 기계학습 | 딥러닝 | 딥러닝 프레임워크 | 인공 신경망 | GAN | 오버피팅 | 챗봇 | 소셜 로봇
J 인터넷 서비스 간편결제 | 생체 인식 | O2O | O4O | 핀테크

6권 기업정보시스템

A 기업정보시스템 개요 엔터프라이즈 IT와 제4차 산업혁명
B 전략 분석 Value Chain | 5-Force | 7S | MECE/LISS | SWOT 분석 | BSC/IT-BSC
C 경영 기법 캐즘 | CSR, CSV, PSR | 플랫폼 비즈니스 | Lean Startup
D IT 전략 BPR/PI | ISP | EA | ILM
E IT 거버넌스 IT 거버넌스 | ISO 38500 | COBIT 5.0 | IT-Complaince | 지적재산권 | IT 투자평가
F 경영솔루션 BI | ERP | PRM | SCM | SRM | CRM | EAI | MDM | CEP | MES | PLM
G IT 서비스 ITSM/ITIL | SLA | ITO
H 재해복구 BCP | HA | 백업 및 복구 | ISO 22301
I IT 기반 기업정보시스템 트렌드 IOT | 인공지능 기술 및 동향 | 클라우드 기술 및 동향 | 블록체인 기술 및 동향 | O2O

7권 정보보안

A 정보보안 개요 정보보안의 개념과 관리체계 | 정보보증 서비스 | 정보보안 위협요소 | 정보보호 대응수단 | 정보보안 모델 | 사회공학
B 암호학 암호학 개요 | 대칭키 암호화 방식 | 비대칭키 암호화 방식
C 관리적 보안 관리적 보안의 개요 | CISO | 보안인식교육 | 접근통제 | 디지털 포렌식 | 정보보호 관리체계 표준 | 정보보호 시스템 평가 기준 | 정보보호 거버넌스 | 개인정보보호법 | 정보통신망법 | GDPR | 개인정보 보호관리체계 | e-Discovery
D 기술적 보안: 시스템 End Point 보안 | 모바일 단말기 보안 | Unix/Linux 시스템 보안 | Windows 시스템 보안 | 클라우드 시스템 보안 | Secure OS | 계정관리 | DLP | NAC / PMS | 인증 | 악성코드
E 기술적 보안: 네트워크 통신 프로토콜의 취약점 | 방화벽 / Proxy Server | IDS / IPS |

WAF | UTM | Multi-Layer Switch / DDoS | 무선랜 보안 | VPN | 망분리 / VDI

F 기술적 보안: 애플리케이션 데이터베이스 보안 | 웹 서비스 보안 | OWASP | 소프트웨어 개발보안 | DRM | DOI | UCI | INDECS | Digital Watermarking | Digital Fingerprinting / Forensic Marking | CCL | 소프트웨어 난독화

G 물리적 보안 및 융합 보안 생체인식 | Smart Surveillance | 영상 보안 | 인터넷전화(VoIP) 보안 | ESM / SIEM | Smart City & Home & Factory 보안

H 해킹과 보안 해킹 공격 기술

8권 알고리즘 통계

A 자료 구조 자료 구조 기본 | 배열 | 연결 리스트 | 스택 | 큐 | 트리 | 그래프 | 힙

B 알고리즘 알고리즘 복잡도 | 분할 정복 알고리즘 | 동적 계획법 | 그리디 알고리즘 | 백트래킹 | 최단 경로 알고리즘 | 최소 신장 트리 | 해싱 | 데이터 압축 | 유전자 알고리즘

C 정렬 자료 정렬 | 버블 정렬 | 선택 정렬 | 삽입 정렬 | 병합 정렬 | 퀵 정렬 | 기수 정렬 | 힙 정렬

D 확률과 통계 기초통계 | 통계적 추론 | 분산분석 | 요인분석 | 회귀분석 | 다변량분석 | 시계열분석 | 범주형 자료 분석

지은이 소개

삼성SDS 기술사회는 4차 산업혁명을 선도하고 임직원의 업무 역량을 강화하며 IT 비즈니스를 지원하기 위해 설립된 국가 공인 기술사들의 사내 연구 모임이다. 정보통신 기술사는 '국가기술자격법'에 따라 기술 분야에 관한 고도의 전문 지식과 실무 경험을 바탕으로 정보통신 분야 기술 업무를 수행할 수 있는 최상위 국가기술자격이다. 국내 ICT 분야 종사자 중 약 2300명(2018년 12월 기준)만이 정보통신 분야 기술사 자격을 가지고 있으며, 그중 150여 명이 삼성SDS 기술사회 회원으로 현직에서 활동하고 있을 정도로, 업계에서 가장 많은 기술사가 이곳에서 활동하고 있다. 삼성SDS 기술사회는 정보통신 분야의 최신 기술과 현장 경험을 지속적으로 체계화하기 위해 연구 및 지식 교류 활동을 꾸준히 해오고 있으며, 그 활동의 결실을 '핵심 정보통신기술 총서'로 엮고 있다. 이 책은 기술사 수험생 및 ICT 실무자의 필독서이자, 정보통신기술 전문가로서 자신의 역량을 향상시킬 수 있는 실전 지침서이다.

1권 컴퓨터 구조

오상은 컴퓨터시스템응용기술사 66회, 소프트웨어 기획 및 품질 관리

윤명수 정보관리기술사 96회, 보안 솔루션 구축 및 컨설팅

이대희 정보관리기술사 110회, 소프트웨어 아키텍트(KCSA-2)

2권 정보통신

김대훈 정보통신기술사 108회, 특급감리원, 광통신·IP백본망 설계 및 구축

김재곤 정보통신기술사 84회, 데이터센터·유무선통신망 설계 및 구축

양정호 정보관리기술사 74회, 정보통신기술사 81회, AI, 블록체인, 데이터센터·통신망 설계 및 구축

장기천 정보통신기술사 98회, 지능형 건축물 시스템 설계 및 시공

허경욱 컴퓨터시스템응용기술사 111회, 레드햇공인아키텍트(RHCA), 클라우드 컴퓨팅 설계 및 구축

3권 데이터베이스

김관식 정보관리기술사 80회, 전자계산학 학사, Database, 기업용 솔루션, IT 아키텍처

윤성민 정보관리기술사 90회, 수석감리원, ISE

임종범 컴퓨터시스템응용기술사 108회, 아키텍처 컨설팅, 설계 및 구축

이균홍 정보관리기술사 114회, 기업용 MIS Database 전문가, SDS 차세대 Database 시스템 구축 및 운영

4권 소프트웨어 공학

석도준 컴퓨터시스템응용기술사 113회, 수석감리원, 데이터 아키텍처, 데이터베이스 관리, IT 시스템 관리, IT 품질 관리, 유통·공공·모바일 업종 전문가

조남호 정보관리기술사 86회, 수석감리원, 삼성페이 서비스 및 B2B 모바일 상품 기획, DevOps, Tech HR, MES 개발·운영

박성훈 컴퓨터시스템응용기술사 107회, 정보관리기술사 110회, 소프트웨어 아키텍처, 저서 『자바 기반의 마이크로서비스 이해와 아키텍처 구축하기』

임두환 정보관리기술사 110회, 수석감리원, 솔루션 아키텍처, Agile Product

5권 ICT 융합 기술

문병선 정보관리기술사 78회, 국제기술사, 디지털헬스사업, 정밀의료 국가과제 수행

방성훈 정보관리기술사 62회, 국제기술사, MBA, 삼성전자 전사 SCM 구축, 삼성전자 ERP 구축 및 운영

배홍진 정보관리기술사 116회, 삼성전자 및 삼성디스플레이 HR SaaS 구축 및 확산

원영선 정보관리기술사 71회, 국제기술사, 삼성전자 반도체, 디스플레이 및 해외·대외 SaaS 기반 문서중앙화서비스 개발 및 구축

홍진파 컴퓨터시스템응용기술사 114회, 삼성

SDI GSCM 구축 및 운영

6권 기업정보시스템

곽동훈 정보관리기술사 111회, SAP ERP, 비즈니스 분석설계, 품질관리

김선득 정보관리기술사 110회, 수석감리원, 기획 및 관리

배성구 정보관리기술사 107회, 수석감리원, 금융IT분석설계 개선운영, 차세대 프로젝트

이채은 정보관리기술사 61회, 전자·제조 프로세스 컨설팅, ERP/SCM/B2B

정화교 정보관리기술사 104회, 정보시스템감리사, SCM 및 물류, ERM

7권 정보보안

강태섭 컴퓨터시스템응용기술사 81회, 정보보안기사, SW 테스트 수행 관리, 코드 품질 검증

박종락 컴퓨터시스템응용기술사 84회, 보안 컨설팅 및 보안 아키텍처 설계, 개인정보보호 관리체계 구축, 보안 솔루션 구축

조규백 정보통신기술사 72회, 빅데이터 기반 보안 플랫폼 구축, 보안 데이터 분석, 외부 위협 및 내부 정보 유출 SIEM 구축, 보안 솔루션 구축

조성호 컴퓨터시스템응용기술사 98회, 정보관리기술사 99회, 인공지능, 딥러닝, 컴퓨터비전 연구 개발

8권 알고리즘 통계

김종관 정보관리기술사 114회, 금융결제플랫폼 설계·구축, 자료구조 및 알고리즘

전소영 정보관리기술사 107회, 수석감리원, 데이터 레이크 아키텍처 설계·구축·운영 및 컨설팅

정지영 정보관리기술사 111회, 수석감리원, 디지털포렌식, 통계 및 비즈니스 서비스 분석

지난 판 지은이(가나다순)

전면2개정판(2014년) 강민수, 강성문, 구자혁, 김대석, 김세준, 김지경, 노구율, 문병선, 박종락, 박종일, 성인룡, 송효섭, 신희종, 안준용, 양정호, 유동근, 윤기철, 윤창호, 은석훈, 임성웅, 장기천, 장윤호, 정영일, 조규백, 조성호, 최경주, 최영준

전면개정판(2010년) 김세준, 김재곤, 나대균, 노구율, 박종일, 박찬순, 방동서, 변대범, 성인룡, 신소영, 안준용, 양정호, 오상은, 은석훈, 이낙선, 이채은, 임성웅, 임성현, 정유선, 조규백, 최경주

제4개정판(2007년) 강옥주, 김광혁, 김문정, 김용희, 김태천, 노구율, 문병선, 민선주, 박동영, 박상천, 박성춘, 박찬순, 박철진, 성인룡, 신소영, 신재훈, 양정호, 오상은, 우제택, 윤주영, 이덕호, 이동석, 이상호, 이영길, 이영우, 이채은, 장은미, 정동곤, 정삼용, 조규백, 조병선, 주현택

제3개정판(2005년) 강준호, 공태호, 김영신, 노구율, 박덕균, 박성춘, 박찬순, 방동서, 방성훈, 성인룡, 신소영, 신현철, 오영임, 우제택, 윤주영, 이경배, 이덕호, 이영길, 이창율, 이채은, 이치훈, 이현우, 정삼용, 정찬호, 조규백, 조병선, 최재영, 최정규

제2개정판(2003년) 권종진, 김용문, 김용수, 김일환, 박덕균, 박소연, 오영임, 우제택, 이영근, 이채은, 이현우, 정동곤, 정삼용, 정찬호, 주재욱, 최용은, 최정규

개정판(2000년) 곽종훈, 김일환, 박소연, 안승근, 오선주, 윤양희, 이경배, 이두형, 이현우, 최정규, 최진권, 황인수

초판(1999년) 권오승, 김용기, 김일환, 김진홍, 김홍근, 박진, 신재훈, 엄주용, 오선주, 이경배, 이민호, 이상철, 이춘근, 이치훈, 이현우, 이현, 장춘식, 한준철, 황인수

한울아카데미 2133

핵심 정보통신기술 총서 8

알고리즘 통계

지은이 삼성SDS 기술사회 | **펴낸이** 김종수 | **펴낸곳** 한울엠플러스(주) | **편집** 배유진

초판 1쇄 발행 1999년 3월 5일 | **전면개정판 1쇄 발행** 2010년 7월 5일
전면2개정판 1쇄 발행 2014년 12월 15일 | **전면3개정판 1쇄 발행** 2019년 4월 8일

주소 10881 경기도 파주시 광인사길 153 한울시소빌딩 3층
전화 031-955-0655 | **팩스** 031-955-0656 | **홈페이지** www.hanulmplus.kr
등록번호 제406-2015-000143호

ISBN 978-89-460-7133-9 14560
ISBN 978-89-460-6589-5(세트)

* 책값은 겉표지에 표시되어 있습니다.